潮时 CHEERS

与最聪明的人共同进化

HERE COMES EVERYBODY

CHEERS
湛庐

Beyond
气候变暖
Global
与人类未来
Warming

[美] 真锅淑郎 Syukuro Manabe
安东尼·J. 布罗科利 Anthony J. Broccoli

魏科 郭晨昇 等 译

著

浙江教育出版社·杭州

你了解气候变暖的成因和现状吗？

扫码加入书架
领取阅读激励

扫码获取全部测试题及答案，
一起感受气候科学的魅力

- 温室效应都归因于温室气体的排放吗？（ ）

  A. 是

  B. 否

- 温室效应阻挡了约（ ）的地面辐射从大气层顶逃逸，从而为地表保留了更多的热量。

  A. 20%

  B. 30%

  C. 40%

  D. 50%

- 在过去 1 000 多年里，全球平均地表温度一直保持相对稳定，但自工业化以来已经上升了约（ ）。

  A. 1℃

  B. 3℃

  C. 10℃

  D. 15℃

真锅淑郎为气候敏感度
研究奠定基础

丁一汇
中国工程院院士

气候变化是目前全球十分关注的重大科学问题之一。它在很大程度上影响着未来的社会发展和繁荣。其中一个关键问题是，人类赖以生存和发展的气候与环境条件在未来将如何演变。早在联合国政府间气候变化专门委员会成立之初（1990年），全球的相关科学家就开始撰写第一版全球气候变化的评估报告。在这之前发表的众多相关科学著作中，真锅淑郎先生的研究论文是最受上述委员会科学家重视的论文。当时除认识到温室气体的排放对未来全球气候的影响程度之外，更重要的是需了解气候的敏感度问题，即全球未来温度的变化对不同温室气体排放的响应程度。真锅淑郎的研究工作为气候敏感度研究奠定了基础。他的研究阐明了全球气候对人类排放的不同温室气体的温度响应程度（见本书第6章，这是全球气候变化研究的一个关键问题）。由此，人们认识到不同的温室气体对于全球大气的增温程度和分布是不同的，从而深刻地增进了人类对排放的温室气体种类、浓度以及各种生命对温室气体增温潜力的了解，为以后减排行动的开展提供了先导性的决策依据。

真锅淑郎博士这本书的一个特点是，对复杂的全球气候变化问题进行通俗的阐述，避免使用大量专业化的数学和物理公式，这对于更广泛的读者十分有益。有兴趣的读者通过阅读此书，可以很好地了解到为什么我们的地球会变暖，二氧化碳浓度的增高为什么是全球气候变化的主因，在这个过程中，海洋又起到什么作用。

本书的译者是几位热爱气象科普工作的青年气象研究人员，他们的译文流畅、通俗易懂，方便读者阅读理解。从中，我们可以获知我们自己居住的地球现在与未来的气候会怎样变化，我们将如何适应和应对其变化，并据此使人类社会获得可持续性发展。这不但对我们这一代，而且对我们的后代都十分重要。

最后也感谢陶诗言基金会郝爱群女士对本书翻译工作的热情支持。

谈真锅淑郎获诺贝尔物理学奖

吴国雄

中国科学院院士

1989 年到 1991 年，我以高级访问教授的身份在普林斯顿大学访问，普林斯顿大学的大气和海洋项目是其与美国国家海洋和大气管理局下属的地球物理流体动力学实验室（GFDL）合作的产物。对于国外访问人员，普林斯顿大学会安排一个顾问负责联系与沟通和合作，真锅淑郎当时是我的顾问。中国有好几位气象学家都在那里访问过，像曾庆存先生、巢纪平先生等，叶笃正先生是第一个去的。叶先生在美国气象界的名气很大，他是芝加哥学派领袖卡尔-古斯塔夫·罗斯贝（Carl-Gustaf Rossby）的高徒。罗斯贝曾在 1949 年专门为叶先生发表的关于大气频散的论文写过评语，说他的数学基础非常好之类。叶先生那篇动力学的论文非常著名，他和约瑟夫·斯马戈林斯基（Joseph

Smagorinsky）还是好朋友。斯马戈林斯基也是位传奇科学家，他参与了全球第一次数值天气预报，是地球物理流体动力学实验室的创立者和领导人。1981 年，斯马戈林斯基特地邀请叶先生访问普林斯顿大学，当时叶先生是中国科学院大气物理研究所的所长。1982 年叶先生在访问地球物理流体动力学实验室期间被任命为中国科学院副院长，所以他没有完成访问就回国上任了。

真锅淑郎对叶先生也非常崇敬，两位大师可以说是相互欣赏，经常切磋交流。叶先生思路非常开阔。当时大家对海洋的记忆及其对气候的延迟响应已经有所了解。叶先生提出土壤记忆的问题，他与真锅淑郎、托马斯·德尔沃斯（Thomas Delworth）合作写了一篇文章，利用地球物理流体动力学实验室的模式，在初始时把全球的土壤都灌满水，看看陆面对气候的影响到底有多大。结果发现土壤也有记忆，记忆时间大概是几个月。这项工作是非常早的研究，也是非常有价值的研究。后来英国科学家贾森·朗特里（Jason Rowntree）做了类似的工作，证实了土壤记忆约为几个月的时间。后来我们研究青藏高原如何影响东亚夏季风，也证实了土壤记忆的时长。

科学家有两种类型：一种是很勤奋的科学家，一天工作十几个小时，每天早起上班，晚上加班，非常勤奋和辛苦；一种是依靠天赋和思维敏锐度的科学家。真锅淑郎属于后一种类型，他当时几乎每天下午要游泳和跑步，生活非常有规律，花在运动和生活上的时间确实不少。我们经常在一起吃饭，两三个人花个把小时。中午我们吃完饭，从校园到食堂要散步一段路。

真锅淑郎是思维非常敏锐的科学家，靠的是高效率。在普林斯顿几乎每周有一次学术报告，要么是来访的学者，要么是地球物理流体动力学实验室的科学家做报告。他每次都要参加，并坐在第一排，经常斜靠着椅背，有时候闭着眼睛，看着像在睡觉。实际上不是，他一直在专注地听。他在睁开眼睛问问题时思维会非常敏锐，此时往往是普林斯顿大学学术讨论的高潮和精华。

在气象模式的发展中，积云对流是其中一个很困难的问题，因为气象模式是格点化的，当时网格距达到100千米的数值模式精度已经是非常高了，大多数只有几百千米。积云对流尺度小，局地对流发展造成降水，模式根本分辨不出来。大家都在想办法，但最早提出解决方案的就是真锅淑郎，这说明他很聪明。他把极其复杂的过程用简单的方法来处理。一般在大气中决定降水和对流的一个重要因子是相当位温 θ_e。一般来说随着高度增加，当水汽很多的时候，θ_e 减小，用气象学术语来说叫作对流不稳定。对流不稳定就会形成一朵朵云，绵延几十米、几百米甚至几千米，台风里就有很多这样的云包。在网格上百千米模式里怎么表示积云对流？真锅淑郎想了一个很简单的办法。对流不是源自大气底下的气流不稳定吗？θ_e 随高度增加本来应当增加，但对流的时候变成了随高度增加而减小。这说明底下的水汽太多了，于是大气调整自身达到稳定，一层一层往上调，不稳定的大气就把过多的水汽释放出来形成降雨。随着一层一层调整，上面的 θ_e 增加了，直到上面稳定了，降水就停了，这被称为对流调整方案。这方案到现在有的模式还在用，我们的模式早期也用过，其结果比很多对流参数化的效果还好。这个例子说明真锅淑郎考虑问题能抓住本质，简洁明了。

1989年，我到地球物理流体动力学实验室从事访问研究是由叶笃正先生推荐的，当时我刚从欧洲中期天气预报中心回国不久，欧洲中期天气预报中心时任主任伦纳特·本特森（Lennart Bengtsson）也推荐了我。1991年我从普林斯顿大学回来，随即我们邀请了荒川昭夫来访问。1993年真锅淑郎和英国的约翰·格林（John Green）来我们的实验室讲课，那是真锅淑郎第一次来中国访问。大家对他们的到来感到很兴奋。格林和真锅淑郎两个人都很活跃，跟中国的科学家建立了很密切的关系。

2000 年，我们在上海主办了一个气候环境的国际会议，邀请真锅淑郎来大会主讲。最重要的一次是 2005 年，当时我作为国际气象学和大气科学协会（IAMAS）的副主席，筹备了该协会在北京召开的科学大会。这次科学大会被公认为历史上最成功的一次大会，我们邀请了很多国际著名的科学家，像罗伯特·E. 迪金森（Robert E. Dickinson）、麦文建、廖国男、布赖恩·J. 霍斯金斯（Brian J.Hoskins）、真锅淑郎等。那一年正好是叶笃正先生90 寿辰，所以我们专门开了一个特别分会庆祝叶笃正先生的成就，请各个领域的科学家来交流。当时这个分会的主题就是"从大气环流到气候变化"（From General Circulation to Global Change），正是叶笃正先生的两大贡献。在北京期间，真锅淑郎专门做了几个报告：IAMAS 科学大会报告、给叶先生祝寿的报告、大气科学和地球流体力学数值模拟国家重点实验室（LASG）成立 20 周年的报告（1985—2005 年）。会议期间叶先生还专门邀请真锅淑郎和霍斯金斯到家里做客，真锅淑郎跟我们是关系很好的朋友。

真锅淑郎的访问也确实推动了我国大气科学的发展。例如，在模式发展方面，我在 1989 年去普林斯顿大学的时候跟他讨论了当时由 LASG 最早自主发展的一个包含两层大气和 4 层海洋的耦合模式，该模式参与了最早的国际耦合模式比较计划的模拟。他表示能够独立创造非常好，建议我们要发展几个有特色的模式，特别是海洋模式。国际上当时都是海洋表面具有大气强迫的刚盖模式，LASG 的科学家把这种模式改成了自由表面模式，即海洋表面随时间变化而变化，这个工作做得很不错。真锅淑郎建议还是要发展多层模式。我告诉他关键是没有计算机，因为当时美国和巴黎统筹委员会在高科技方面对中国严加控制，我们买不到像 Cray 1 这样的计算机，甚至连要报废处理的 Cray 1 都买不到。他说你们要克服困难，两层模式尽管很有研究价值，但是用两层资料来表示地（海）表信息很不准确，你们将来要搞海气耦合和陆气耦合就存在比较大的困难，多层模式反而比较容易。真锅淑郎还建议，你们作为国家重点实验室，除当时两层的格点模式以外，还应当发展谱模式。我 1991 年回国后，跟叶先生和 LASG 的时任主任曾庆存先生都汇报了，他们也表示支持。LASG 从此开始发展多层模式，开始做 GAMIL 和 SAMIL，其中 GAMIL 是格点模式，SAMIL 是谱模式。真锅淑郎是我们学术委员会的学术顾问，除了访问和讲课，他在具体的数值模式发展上，也曾经给我们一些好建议。在改革开放初期，外国专家跟我们的交流为我们实验室的发展做出了很大的贡献。

真锅淑郎先生获得诺贝尔物理学奖确实是很令人振奋的事情。大气科学算是物理学科里的一个小分支，但诺贝尔物理学奖竟然授给了两位气候学家——日裔美籍的真锅淑郎和德国的克劳斯·哈塞尔曼（Klaus Hasselmann），这说明了现在社会对气候学的重视。大气科学关系到每一个人的切身利益，也关系到社会的发展。特别是自工业革命以来，由二氧化碳等温室气体的大量排放引起的温室效应已经导致了全球气候变暖，这不仅引起了社会的广泛关注，也成为一个重大的问题。诺贝尔奖授给两位气候学家，既肯定了他们在气候数值模拟研究这个复杂科学领域里的贡献，也向我们提出了更多的挑战，因为全球气候变暖是一个非常复杂的科学问题，需要我们投入更多的努力。

20 世纪八九十年代，美国报纸曾经把真锅淑郎称为"温室气体之父"，那个时候"全球变暖"这个词还没有那么流行，甚至 80 年代有一段时间"核冬天"这个词还流行过。真锅淑郎的理论是在 20 世纪 60 年代发表的，讨论的是二氧化碳浓度增高产生的气候影响。二氧化碳能够吸收地面发射的长波辐射，像大被子一样盖住地面，使得地球无法释放长波辐射能量，从而导致底层大气变暖，真锅淑郎的理论就是用长波辐射的理论来研究的。真锅淑郎的长项是长波辐射研究，他在日本的时候跟他的导师正野重方做了不少这方面的工作，他这方面的基础很牢固。现在的气候模式还是利用二氧化碳的这些吸收特性，这种模式就基本上出自真锅淑郎最早提出的理论，区别在于现在的模式不止是单柱的，还要受到平流过程的影响。平流过程在各个模式之间有差异，这就造成了不确定性，不过总体结果与真锅淑郎早期的单柱模式结果非常接近。理论上讲，他得出的 2.5℃ 左右的气候敏感度的数值在单柱模式里是有严格标准的，但受到大气环流的影响后，有的效应比它低一点，有的效应比它高一点，不过都在这个范围内，因此结果比较一致。

真锅淑郎强调科研中的好奇心，我非常赞同这点。我也经常跟学生讲，在对科学的追求上，好奇心和求知欲非常重要。如果对一个问题有好奇心和求知欲，你就有动力去解决它。好奇心是激发科学家探索发现的驱动力。我前面提到的积云对流很复杂，大家都觉得这是一个谜题，是很难啃的骨头，但真锅淑郎偏要去啃。后来想想答案也很简单，不稳定不就是因为底下水汽太多了吗！让大气抬升凝结降雨，降掉多余水汽以后就变稳定了，能量释放出来，大气又被加热，所以就一层一层往上调。在描述马登-朱利安振荡（MJO）这样的低频振荡的过程中，水汽也是从底下释放的，这对低空的加热效果很强，对 MJO 的形成很重要。

好奇心给你一种信念，你就有一个动力去做事。我个人也有这样的体会。小的时候我听母亲和老人讲一些故事，如关于呼风唤雨、腾云驾雾等，觉得很神奇，觉得非常奇妙，所以上中学的时候参加气象小组，到气象站去看百叶箱。那时候我在小县城看到现代化的科学仪器，如温度计、百叶箱里头的仪器等，觉得很神奇，一直认为研究气象会有很多乐趣，后来报了三个气象志愿，最终走上了气象研究之路。"目标始终如一。"《自白》中马克思对其女儿以此形容他自己的特点。有了好奇心以后，任何诱惑都不会使你放弃最初的追求。

大气科学是地球科学中理论方面较成熟的领域，这是因为从 20 世纪初开始在全球范围内建立的气象观测站形成了全世界的气象观测网，充足的资料和数据使大气科学在 20 世纪迅猛发展起来。然而最近这些年，其他地球科学领域也快速成熟起来，而大气科学领域的发展缓慢。这一现象正在改变，大气科学引入化学领域产生了大气化学，引入辐射领域产生了大气物理学；同时，经济学领域也在讨论气候变化。大气科学领域的科学家获得了诺贝尔化学奖、诺贝尔和平奖、诺贝尔经济学奖和诺贝尔物理学奖。最近地质领域在讨论生物地质学（地质生物学），生物地质学推动了地质科学的发展，现在很多年轻科学家在研究地质的演化过程中生物到底起到什么作用、生物对地球气候起到什么作用。生物气候也正是真锅淑郎感兴趣的领域。其实还有另外一个谜题，它与人的健康密切相关，那就是 PM 2.5 对我们的呼吸有什么影响。气候模式里有生物气溶胶，微生物跟气溶胶都是微观的，而气象是宏观的，当两者紧密联系时，生物过程就会通过环境影响到绿色植物，影响到动物的演化过程，从而对气候产生影响。

真锅淑郎提到未来生物气候可能大有发展，我认为大有发展的范围可能更广泛一些，不管是天气、气候还是大气环境，都可以和生物学很好地结合起来。希望未来在生物气象学领域也有人获得诺贝尔奖。

大气科学研究中的
"老顽童"与"乔丹"

魏科

中国科学院大气物理研究所

研究员、博士生导师

　　2005 年，国际气象学和大气科学协会在北京召开第九届科学大会，彼时正在读博士研究生的我充满激情，穿梭于国际会议的各个会场，认真听报告，举手提问题。坦白地说，那时候我参加国际会议的次数有限，并不是很了解报告人的级别和名望，觉得有疑问就要提出，是标准的"初生牛犊不怕虎"。

　　某天的会议期间，国际气象学和大气科学协会举办了记者招待会，由大气界的顶级科学家回答国内外记者关于全球气候变化的问题。我和几位同学也去了会场，组织者误以为我是某个英语还算流畅的记者，便邀请我到第一排就座。彼时，真锅淑郎先生就坐在我对面。我不认识坐在对面的大多数科学家，但看过真锅淑郎的文章，也听导师黄荣辉院士介绍过他。这么多年过去了，我还记得当年的问题确实比较难答：请问，既然全球变暖了，那为什么南极的海冰还在增加？这是不是反对气候变暖意见者可以用的证据？

对面的几位科学家听后面面相觑，感觉到提问者来者不善。真锅淑郎先生回答了问题，讲了很长一段话，他说的英语里还带着些许日语口音。我那时沉浸在问了个"尖锐"问题的喜悦里，没有完全听懂他的回答，但是结论我知道了，他认为南极海冰增加与全球变暖并不矛盾，相反，这是全球变暖的结果。

很多年后，当我认真研读并翻译真锅淑郎这本《气候变暖与人类未来》时，我才真正理解，对于当年那个问题，真锅淑郎先生给出了最权威的回答。在那次会议之后，真锅淑郎顺便来访大气物理研究所，并参加了叶笃正先生的 90 寿辰。真锅淑郎风趣幽默，对中国非常友好。20 世纪 80 年代，中美开启学术交流的时候，叶笃正院士、曾庆存院士、吴国雄院士、巢纪平院士等都先后访问过普林斯顿大学和地球物理流体动力学实验室。据吴国雄院士介绍，真锅淑郎非常敬佩叶笃正先生。叶笃正先生于 20 世纪 40 年代在美国芝加哥大学获得博士学位，是芝加哥学派领袖罗斯贝最优秀的学生之一，是国际公认的大气动力学家。真锅淑郎访问中国的时候，总要到叶笃正先生家里拜访。

我曾经和另外一位数值模式大师林先建先生讨论过真锅淑郎。林先建先生被《科学》杂志称为"气象大师"（Weather Master），目前全球几乎一半的气候模式和天气预报模式都在使用他提出的动力框架。他是真锅淑郎先生在地球物理流体动力学实验室的学生兼同事，作为武侠小说发烧友，他认为退休后的真锅淑郎更像是武侠小说里的"老顽童"或者"一灯大师",风趣幽默又纯真开朗。这个观点得到了美国普林斯顿大学理论物理学家罗伯特·哈里·索科洛(Robert Harry Socolow)的认可,索科洛也认为他是个老顽童,这说明真锅淑郎确实给大家带来了很多快乐。

老顽童很受大家的欢迎,朋友和同事们亲切地称他为 Suki①。朋友圈流传着一个关于他的有趣轶事,据说他退休后,不喜欢别人寄信过来打扰自己,就做了一个刻有"已逝"(Deceased)的图章,把来信盖章退回。想必给他邮寄广告和传单的公司也是哭笑不得。

20 世纪 60 年代中期以后,真锅淑郎就是地球物理流体动力学实验室数值模式研究方面的领军人物。此后的 30 余年,直到 1998 年退休,他是世界上领导气候模式发展时间最长、最富有进取精神的学界领袖。真锅淑郎经历了数值天气预报模式、大气环流模式和耦合模式的研发,见证了数值模式从天气预报领域发展到气候变化领域,也见证了全球变暖从他论文里的理论变成了现实。地球物理流体动力学实验室的资深科学家托马斯·德尔沃斯(真锅淑郎的学生)把真锅淑郎比作气候研究领域的迈克尔·乔丹。乔丹把美国甚至全球的篮球水平和篮球行业发展提升到了一个更高的境界,并成为篮球界的标志人物,真锅淑郎则把气候变化研究提升到了一个更高的境界。

正因为这种对学科的推动,以及对气候变化的物理问题的深刻阐述,真锅淑郎先生获得了 2021 年度的诺贝尔物理学奖。当年他获奖是因对"复杂物理系统"的研究。大气运动就是这样的复杂物理系统,时空跨度非常大。从时间尺度来讲,大气系统既有仅为几分钟的扰动,也有几天的天气过程,甚至还有数万年以上的气候变化,时间尺度跨越了 7～8 个数量级。从空间

---

① 真锅淑郎的英文名 Syukuro 的一种昵称。——编者注

尺度来讲，大气系统有半径几十厘米的尘卷、半径数百千米的台风，甚至尺度达到数万千米的行星尺度波动，空间尺度跨越了 6～7 个数量级。

对这样的复杂系统，时空尺度跨越一个数量级，动力学过程很可能就会发生根本的变化。真锅淑郎先生对此做了准确的简化，甚至将简化做到了极致。他将整个地球大气简化为一个单柱模式，在地面上只有一个点，向上伸展到平流层高层，垂直分为 18 层，仅考虑太阳辐射、长波辐射、大气对流、表面向上的热通量（感热通量和潜热通量合并计算，不做区分）4 个因素。这种极致的简化抓住了地球能量平衡的主要过程，即地球从太阳获得短波辐射，再通过长波辐射和各种热量输送过程，将能量传输到全球，最终达到地–气系统的能量收支平衡状态。

在这一过程中，真锅淑郎创造性地引入了"对流调整"方案，使大气的相对湿度基本保持不变，当低层温度过高导致垂直温度递减达到超临界时，将其调整为对流中性状态，并保持总能量不发生变化。这种方案考虑到了对流过程中潜热释放对热量的输送和对中高层大气的加热作用，最终使大气处于辐射–对流平衡状态。这样简单的模式竟然模拟了大气温度真实的垂直廓线，并且非常准确地预测了温室气体增加导致的全球变暖（这是 20 世纪 60 年代中期的预测）。如今半个世纪过去了，全球气候变暖的现实证明了他当年的理论。

可以说让真锅淑郎获得诺贝尔物理学奖的全球变暖研究只是其研究的副产品，他醉心于发展数值模式，从单柱模式到三维模式，从年平均模式到季节循环模式，从大气模式到海–气耦合模式，再进一步到海–陆–气耦合模式。利用这些模式，他的目光穿透亿万年的迷雾，清晰地看到了地球历史上气候变化发生的原因和过程。

真锅淑郎是幸福的，他醉心于自己的研究，并在研究之余穿过普林斯顿的校园去游泳。吴国雄院士说他很会享受生活，专注于科学探索，乐观而纯粹。2021年10月6日，在普林斯顿大学为真锅淑郎召开的诺贝尔奖新闻发布会上，真锅淑郎向世界揭晓了他幸福的根源。他充满深情地感谢自己的"老板"斯马戈林斯基。在20世纪60年代初，斯马戈林斯基摒弃战后国际合作的仇外心理，给予真锅淑郎百分之百的支持。斯马戈林斯基还给真锅淑郎招募了很多编程人员，使他能够全身心投入科学方面的思考，专注于诸多物理过程的模式表达，而不需过多参与模式代码的编写。

还有一点最重要，斯马戈林斯基是一位传奇人物，是最早参与1950年在世界第一台计算机（ENIAC）上进行第一次成功的数值天气预报实验的学者之一。他具有强大的游说能力，能出面游说美国气象局[①]和国会，为数值模式研制争取到充足的经费和超级计算机支持。在新闻发布会上，真锅淑郎忍不住感慨："我可以在研究中做任何事。我的老板很慷慨，让我做任何我喜欢做的事情。他争取到了所有超级计算机经费，我从来没写过任何一个项目申请……"

作为科学家，一辈子没写过项目申请，这无论是在中国，还是在美国，都是一个传奇。"老顽童"周伯通需要全真教创始人"中神通"王重阳的支持，才可以过纯真的生活；而篮球界的"飞人"乔丹也需要NBA史上最伟大的教练、绰号"禅师"的菲尔·杰克逊的打磨，才可以独步天下，成为"篮球之神"。所以不得不感慨，成功需要天赋，更需要具有让天赋能够充分生长的土壤。当科研人员一遍遍用尽心力打磨一个个项目申请书，填一个个表格的时候，我耳边总是回荡起韩愈那句话："故虽有名马，只辱于奴隶人之手，骈死于槽枥之间，不以千里称也。"时常会听到别人问，我们什么时

---

① 1970年并入新成立的美国国家海洋和大气管理局。——译者注

候才会有诺贝尔奖获得者？我们的学校为什么总是培养不出最杰出人才？这时候我们可能更需要问：我们的斯马戈林斯基在哪里？我们的菲尔·杰克逊又在哪里？

　　《气候变暖与人类未来》在美国是一本研究生的教材，为了本书的翻译，我还邀请了业内几位优秀的年轻科研人员参与，包括赵寅博士、杨显轲博士，博士生李雅迪、陈可鑫和于小淇。他们在气候变化、海气耦合、数值模拟、全球碳排放、东亚季风等领域都有所建树。为了避免专业人士将句子和段落翻译得过于学术化，我还邀请了郭晨界先生进行审校和统稿。他曾经是青岛国际院士论坛的翻译团队成员，并参与了 APEC 青岛会议的翻译工作。通过合作，我感受到了青春的气息，也感受到其实人才无处不在，我们需要更多"伯乐"和战略科学家。

　　真锅淑郎为我们揭示了气候变化的奥秘，预测了气候变化的趋势，但是正如他所说的"制定气候政策往往比做出气候预测困难 1 000 倍"，解决气候变化问题比了解气候变化难 1 000 倍。一个国家的科技进步和每个人的个人成长可能也是这样吧，遵循科技进步和个人成长的规律来做事情，听起来简单，做起来难上加难。

如何预测未来的气候变化及其影响

毫无疑问，自工业革命以来，大气成分和地球气候发生了巨大变化，人类活动是主要原因。由于燃烧化石燃料生产能源，大气中二氧化碳的浓度相较于工业革命前增加了 40% 以上。在过去 1 000 多年里，全球平均地表温度一直保持相对稳定，但自工业化以来已经上升了约 1℃。如果能源生产活动没有明显改变，这些变化将不可避免地继续下去。在 21 世纪，全球平均气温预计会再升高 2℃～3℃，同时陆地变暖幅度将显著大于海洋，北极变暖幅度显著大于热带地区。

各大洲的水资源供应也可能发生变化。在水资源充足的地区，水可能会变得更多，这将增加河流的流量和洪水发生的频率。相比之下，在本就干燥的副热带和其他缺水地区，水资源短缺的压力将增大，这意味着干旱频率的增加。观测资料表明，目前洪涝和干旱的频率都在增加。除非大幅减少温室气体排放，否则在 21 世纪的剩余时间乃至未来几百年里，全球变暖很可能对人类社会和这颗星球的生态系统产生深远影响。

在预测人类活动导致的全球变暖方面，气候模式是最有力的工具。它们以物理定律为基础，由数值天气预报模式演变而来。借助世界上最强大的超级计算机的海量计算资源，气候模式可以用来预测未来的气候变化及其影响，并为决策者提供宝贵的信息。除了在预测气候变化方面至关重要，气候模式还有助于我们理解气候变化的机理。气候模式耦合了大气、海洋和陆地系统，可以充当"虚拟实验室"用来做对照实验，这已被证明非常有效，可以系统地阐明气候变化的物理机制。

我们始终坚信，气候模式的最大价值不仅在于其预测功能，还在于它可以帮助我们更深入地理解气候系统是如何运作的。本书从 100 多年前斯凡特·阿伦尼乌斯（Svante Arrhenius）的开创性研究开始，介绍了在气候变化研究中使用模式的历史。基于对一系列愈加复杂的数值实验的分析，我们试图阐明全球变暖及过去地质气候变化的基本物理过程。我们的目的并不是详尽综述气候动力学和气候变化方面的文献，相反，我们希望把重点放在真锅淑郎参与以及影响他思想形成的研究上，想让读者了解这段使他更好地理解气候变化背后过程的科学之旅。这段旅程有一部分是与布罗科利一起完成的，他也受到了本书所述研究的影响和启发。

本书脱胎于真锅淑郎在普林斯顿大学大气和海洋科学学院教授的一门研究生课程的讲稿，它可以作为气候动力学和气候变化领域的研究生和本科高年级课程的参考书，但也涉及环境、生态、能源、水资源和农业等其他学科。最重要的是，我们希望这本书能为那些对过去气候如何变化、为什么变化以及未来气候将如何变化感到好奇的人带来启发。

目录 ●

第 1 章

温室效应是如何
发挥作用的

BEYOND
GLOBAL
WARMING

自 20 世纪初以来，全球地表温度持续上升。图 1-1 显示了自 19 世纪中叶以来全球平均地表温度与基准值（1961 年至 1990 年平均值）的差异，从中我们不难发现这一升温现象。尽管存在年际、年代际和多年代际尺度的波动，但是在过去 100 年里，全球地表温度是持续上升的，并且在最近几十年中的增幅更大。

为了了解 19 世纪中叶之前全球地表温度的变化情况，科学界分析了超过 1 000 个树木年轮、冰芯、珊瑚礁、沉积物以及其他来自全球海洋和陆地的气候代用记录（Jansen et al., 2007），利用它们重建了全球地表温度的大尺度变化趋势。例如，迈克尔·E. 曼（Michael E. Mann）等人重建了过去 1 500 年间北半球平均地表温度变化的时间序列（Mann et al., 2008, 2009），这是科学家做出的诸多努力之一（见图 1-2）。根据这份重建数据，我们可以发现，地表温度在 1450 年至 1700 年（小冰期）相对较低，而在 1100 年之前（中世纪暖期）相对较高。但无论如何，纵观过去至少 1 500 年间的温度变化走向，近半个世纪的全球变暖是非比寻常的。

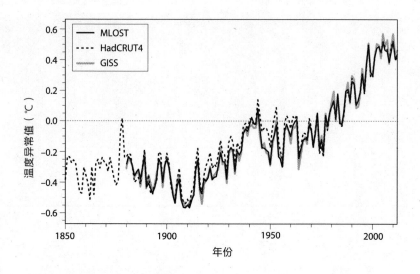

图 1-1 全球年平均地表温度异常数据（相较于 1961 年至 1990 年的平均值）

注：数据来自最新版本的三套结合了陆地、地表、大气和海洋表面温度的综合数据集（HadCRUT4、GISS、MLOST）。关于由首字母缩写构成的三个机构的名称，详细信息请参考联合国政府间气候变化专门委员会报告（2013a）。

资料来源：Hartmann et al.（2013）。

对此，2013 年发布的联合国政府间气候变化专门委员会第五次评估报告（IPCC，2013b）中是这样阐述的："人类活动的影响极有可能（可能性超过 95%）是导致 20 世纪 50 年代以来全球变暖的主要原因。"该报告进一步总结指出，目前所观测到的全球变暖大部分可以归因于人类活动导致的二氧化碳、甲烷、一氧化二氮等温室气体的浓度增高。

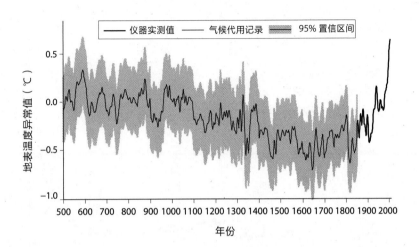

**图1-2 过去 1 500 年间北半球平均地表温度变化的时间序列（500 年—
2000 年）**

注：细线表示表面温度异常的年代际重建序列，是过去 1 500 年间整个
北半球的平均值。这里的数值是用与基准值（1961—1990 年的平均值）
的差异值来定义的。阴影部分为 95% 置信区间。粗线表示由仪器实测的
数据。

资料来源：Mann et al.（2008、2009）。

图 1-3 展示了过去 1 100 年间大气中二氧化碳浓度变化的时间序列。

在 18 世纪末之前，大气中二氧化碳的浓度在 280ppmv（百万分之一体
积比）上下浮动，而此后的浓度便开始逐渐增高。到了 20 世纪，二氧化碳
浓度开始加速增高，温度也随之升高。与此同时，大气中甲烷、一氧化二氮
等其他温室气体的浓度也以近似的方式快速增高。

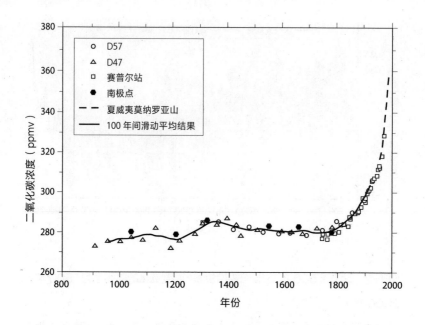

图 1-3　过去 1 100 年间大气中二氧化碳浓度变化的时间序列

注：数据来自 D57、D47、赛普尔站、南极点和夏威夷莫纳罗亚山观测站，前者通过分析南极冰盖中的气泡得到，后者为仪器测的数据。曲线为 100 年间滑动平均值。

　　尽管温室气体在整个大气中占比很小，但它们可以强烈地吸收和发射红外辐射，从而产生"温室效应"，在浓度合适时，这有助于保持地表的温度，从而形成宜居的气候（见表 1-1）。

　　在本章接下来的部分，我们将为大家讲解温室气体影响地表温度的机制，这主要是通过改变地表发射的向上红外辐射通量来实现的。随后，我们将讨论温室效应如何随着温室气体浓度的增高而增强，以及它是如何在加热地表的同时，通过湍流和对流向上输送热量而进一步加热整个对流层的。

表 1-1　大气成分

大气成分	重量百分比（%）
氮气 (N$_2$)	75.3
氧气 (O$_2$)	23.1
氩气 (Ar)	1.3
水汽（H$_2$O)*	约 0.25
二氧化碳 (CO$_2$)*	0.046
一氧化碳 (CO)	约 1 × 10^{-5}
氖气 (Ne)	1.25 × 10^{-3}
氦气 (He)	7.2 × 10^{-5}
甲烷 (CH$_4$)*	7.3 × 10^{-5}
氪气 (Kr)	3.3 × 10^{-4}
一氧化二氮 (N$_2$O)*	7.6 × 10^{-5}
氢气 (H$_2$)	3.5 × 10^{-6}
臭氧 (O$_3$)*	约 3 × 10^{-6}

注：表中标示 * 的为温室气体。

温室效应

　　地球通过电磁辐射的传输与周围环境进行能量交换，因此其热量平衡就取决于辐射的吸收与释放是否平衡。地球通过吸收太阳发出的波长相对较短（0.4～1μm）的辐射获得热量，通过向上发射波长相对较长（4～30μm）的地球辐射释放热量。假设太阳输出的能量和地球大气成分保持不变，当时间足够长时，地球平均净吸收的太阳辐射热量和向上辐射所释放的热量应完全相等。这是由于当我们把地球看作一个整体时，其温度的稳定需要满足辐射热平衡这一条件（见图 1-4）。假设地球的温度过高，那么地球向上辐射所释放的热量就会高于入射太阳辐射带来的热量，这样一来地球整体的温度就会下降。反之，如果温度过低，它就会不断通过额外地吸收入射太阳辐射获得热量，使温度升高。从长期来看，只有通过大气层顶的净入射太阳辐射通量与地球向上发射的辐射通量是平衡的，地球的温度才能保持稳定。

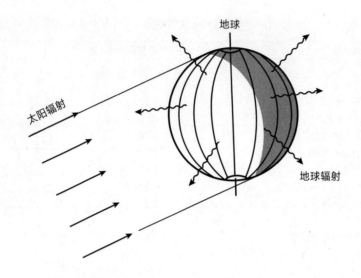

图1-4　地球的辐射热平衡

　　通过大气层顶的太阳辐射通量的全球平均值为 341.3W/m²，其中有 101.9W/m² 被地表、云、气溶胶和空气分子反射回太空，约占总数的 30%，剩下的 70% 则主要被地表吸收。因此，大气层顶的净入射太阳辐射通量为 239.4W/m²。这一数值比卫星观测到的地球向上辐射通量（238.5W/m²）稍高一些，表明有 0.9 W/m² 的辐射被地球额外吸收，这与当下正在发生的全球变暖现象一致。如果将地表-大气系统看作一个黑体，那么根据斯蒂芬-玻耳兹曼定律（参见第 12 页"不可不知的科学知识"专栏），我们可以粗略计算出地球的有效辐射温度约为-18.7℃，这比地表的实际平均温度 14.5℃ 低了超过 33℃。

　　如前文所述，由于地表辐射几乎可以视作黑体辐射，我们可以利用斯蒂芬-玻耳兹曼定律，估计出地表向上发射的辐射通量大约为 389W/m²，这个数值远远高于大气层顶的地球向上辐射通量 238.5W/m²。也就是说，在到达大气层顶前，约有 151W/m² 的向上辐射通量被大气吸收了。

　　总而言之，大气层的温室效应阻挡了约 39% 的地面辐射从大气层顶逃逸，从而为地表保留了更多的热量，使之比 −18.7℃的严寒高出了 33℃。因此，卫星观测到的地球辐射是一个确凿的证据，证明大气层拦截了大量从地球向上的辐射通量，形成了温室效应。

　　图 1−5 是大气层温室效应的示意图。倾斜的实线代表理想状态下大气对流层温度的垂直分布廓线，即温度随着高度的增加线性降低。在这条斜线上有一个位于对流层中层的黑点，它代表着地表−大气系统通过大气层顶向上发射的地球辐射的发射层平均高度。

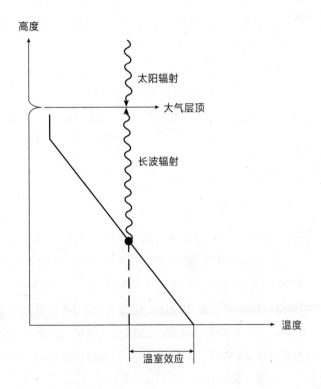

图1-5　大气层温室效应示意图

上文提到，地球的有效辐射温度是-18.7℃，与地表的实际平均温度14.5℃相差超过33℃，这意味着大气层强大的温室效应让地表更加温暖。接下来，我们将与大家探讨，为什么大气层会产生温室效应，并且效果如此显著。

图1-6是乔斯·佩肖托（Jose Peixoto）和亚伯拉罕·奥尔特（Abraham Oort）在1992年发表的图片的修改版，描述了大气层如何吸收太阳辐射和地球辐射。图1-6a为6 000K和255K的黑体辐射的标准化光谱分布，分别代表了太阳辐射光谱和大气层顶部的地球辐射光谱。如图所示，地球辐射的波长大多都超过了4μm，而太阳辐射的波长大多小于4μm。所以，我们可以将大气中地球辐射和太阳辐射的传输过程予以区分。本书后面会将前者称为长波辐射，将后者称为短波辐射。

图1-6b和1-6c展示了晴空大气的光谱吸收率（百分比）分布。晴空大气对太阳光谱中波长为0.3～0.7μm的可见光部分几乎是透明的，因此大部分太阳辐射能够到达地表。而由于水汽的存在，大气层吸收了大部分的地球辐射光谱。

如图1-6d所示，在7～20μm波段，水汽在这个范围内相对透明，这就是所谓的"大气窗"。二氧化碳、臭氧、甲烷和一氧化二氮分别对15μm、9.6μm、7.7μm和7.8μm波长附近的辐射具有相对较强的吸收效应。尽管在图中并未列出，但正如维拉巴德兰·拉马纳坦（Veerabhadran Ramanathan）在1975年所指出的那样，氟氯烃化合物对7～13μm波段的辐射也具有非常强的吸收效应。所以，如表1-1所示，温室气体尽管只是大气组分中的痕量成分，但它们可以共同吸收和发射光谱中大部分长波辐射，从而产生了下文将阐述的强大的温室效应。

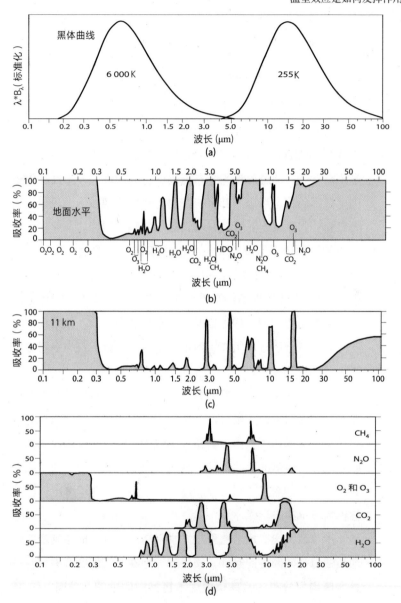

图 1-6　黑体辐射光谱、大气层及其组分的吸收谱

注：图中 CH_4 为甲烷；CO_2 为二氧化碳；H_2O 为水汽；HDO 为氢氘氧化物（亦称为重水）；N_2O 为一氧化二氮；O_2 为氧气；O_3 为臭氧；B_λ 为波长为 λ 处的黑体辐射。

资料来源：Peixoto & Oort（1992）。

黑体辐射与基尔霍夫定律

我们设想某个与外界完全绝热的腔体内有一个物体，腔体内壁是黑色的并且可以完全吸收辐射，这个系统已经达到热力学平衡状态，即温度均匀分布且辐射各向同性。一方面，由于内壁是黑色的，所以内部系统发射的辐射全部被内壁吸收。另一方面，内壁发出的辐射量与其吸收的辐射量相同。这样的系统内的辐射就是黑体辐射，其强度仅取决于温度和波长，满足著名的普朗克函数。在图 1-6a 的左右两侧是在 6 000K 和 255K 时标准化普朗克函数的光谱分布，分别与太阳和地球的等效辐射温度相同。根据斯蒂芬–玻耳兹曼定律，如果我们对所有频段进行积分，黑体辐射量只取决于温度，并与绝对温度（K）的四次方成正比。

为了保持腔体内部的热力学平衡，其内壁及内部物体发射和吸收的辐射量必须相等。这说明，对于一个给定的波长，如果定义发射率为辐射量与普朗克函数的比值，定义吸收率为吸收量与入射辐射的比值，那二者应该相等。这一理论最早由古斯塔夫·基尔霍夫（Gustav Kirchhoff）在 1859 年提出，因此被称为基尔霍夫定律。

基尔霍夫定律规定达到热力学平衡的条件，即达到温度均匀和辐射各向同性的条件。很显然，地球大气层的辐射场并不是温度均匀分布的，其辐射也不是各向同性的。然而，约 40 千米以下的局部区域与理想情况是非常近似的，我们也许可以把这里看作局部各向同性并且温度均匀分布，其能量传输取决于分子碰撞。在这种局部热力学平衡的背景下，基尔霍夫定律可适用于大气层。更多关于这一主题的分析，详见 R. 古迪（R.

Goody）和 Y. 容（Y. Yung）于 1989 年发表的文章。

上文的内容已经对黑体辐射和基尔霍夫定律进行了简要的介绍。如前所述，辐射在大气中传输遵循基尔霍夫定律，即某个物体对各波段辐射的吸收率应等于发射率（实际发射量与黑体理论发射量的比值）。又因为地表可以近似为一个黑体，其吸收率近似为 1，也就是说它几乎可以完全吸收向下到达地表的长波辐射通量。按照基尔霍夫定律，地表会像黑体一样，向上发射长波辐射通量，长波辐射在穿过大气层时会由于温室气体的吸收而逐渐损耗，但是它也会由于温室气体释放的长波辐射而增加。向上辐射通量随海拔增高是减少还是增加，取决于其损耗量是否大于增加量，反之亦然。

举个例子，如果大气层是等温的，就像在温度均匀、辐射各向同性的黑体内部那样，这两种相反的效应就可以完全相互抵消，从而产生一个不随高度改变的向上辐射通量。然而，如果温度随着海拔的增高而降低，就像在对流层中一样，大气层释放的长波辐射造成的增量就会小于其对下方辐射的吸收量。因此，大气层吸收量与发射量的差别，就会造成向上辐射通量随着海拔的增高而下降。简而言之，大气层作为一个整体可以拦截大多数由地表发出的长波辐射通量，阻止其到达大气层顶，我们通常把这种拦截现象称为温室效应。

此外，温室效应也不能都归因于温室气体，云的遮挡也是原因之一。就像我们将在第 6 章中讲的那样，云层在足够厚的情况下，可以像黑体一样吸收和发射长波辐射。大气层的温室效应约有 20% 来自云，但是温室效应仅是云影响地球辐射平衡的一种方式。由于云的反射率高于绝大部分的地表，故云层也会反射入射的太阳辐射。如果我们基于全球年平均值评估，云反射的太阳辐射的影响超过其产生的温室效应，因此云在地球的热平衡中发挥了净冷却的效果。

　　总而言之，大气层作为一个整体吸收了大部分地表发出的向上长波辐射。此外，大气本身也发射长波辐射，大气发射的向上长波辐射，部分补偿了因为大气吸收而导致的向上长波辐射的损耗。根据基尔霍夫定律，大气对热辐射的吸收率与发射率在各个波段都应相等，大气对来自暖地面辐射的吸收远大于冷大气释放的辐射，因此，地表发射的向上长波辐射在到达大气层顶之前，已经被大幅度捕获，这使大气具有温室效应，从而使地球温暖宜居。

全球变暖

　　到目前为止，我们已经解释了为什么大气层因温室效应吸收了大部分由地表发出的向上长波辐射。现在我们将尝试为大家说明为什么地表和对流层的温度会随着大气中温室气体浓度的增高而上升。如前所述，地球的有效辐射温度是-18.7℃，相较于全球地表温度，这更接近于对流层中部的全球平均温度。其远低于全球平均地表温度的原因是，大部分由地面发出的长波辐射在到达大气层顶前就被温室气体吸收了。此外，由于中高层大气的辐射吸收量较少，大部分由对流层较冷的上层区域发出的向上辐射到达了大气层顶。因此，向上发射的长波辐射的等效辐射高度在对流层中部，其温度远低于地表。

　　如果我们使用量子力学的术语，就可以更为形象地解释温室效应中长波辐射在大气层中的传输过程。若将辐射看作是光子，那么温室气体的存在会降低地表发射的光子从大气层顶逃逸的概率。因此，从地表发射的光子到达大气层顶的概率就远低于从高层大气处发射出来的光子。如果将光子都打上标签，标明其发射时的温度，那么它们在到达大气层顶时，其温度分布曲线中心值将远低于地表，这就是有效辐射温度。

　　当大气中二氧化碳等温室气体的浓度增高时，空气的红外辐射不透明度也会随之上升，从而提高大气层对长波辐射的吸收能力。由于大气各层的光学厚度不同，大气层低层对向上长波辐射的吸收量大于高层。也就是说，更多的来自地面和大气层低处的光子由于被吸收而无法达到大气层顶。这就意味着，向上长波辐射发射层的有效高度是随温室气体浓度的增高而增加的。由于向上辐射的有效辐射层位于对流层，而对流层的温度随着高度的增加而降低，因此有效辐射层的温度也就随其上移而降低，从而减少了大气层顶的向上长波辐射。图 1-7 显示了长波辐射响应温室气体浓度增高所涉及的物理过程。在图 1-5 中，倾斜的实线代表理想状态下大气对流层温度的垂直分布廓线，在对流层中温度几乎随着高度线性下降。图 1-7 斜线上的 A 点代表大气层顶向上长波辐射的有效辐射层（即到达大气层顶的光子一半是从该层之下发出的，另一半是从该层之上发出的）。从 A 点出发的箭头代表着在二氧化碳等温室气体浓度增高时，有效辐射层会相应地向上移动。因此有效辐射层温度的下降减少了大气层顶的向上长波辐射。

　　温室气体（如二氧化碳和水汽）浓度的变化不仅会影响到达大气层顶的向上长波辐射通量，而且会影响到达地表的向下辐射通量。当大气中温室气体的浓度增高时，空气红外辐射不透明度的增加就会增强大气对长波辐射的吸收。因此，大气层高层对向下长波辐射的吸收量就多于低层，这就导致向下辐射的有效辐射层随温室气体浓度增高而下移。如图 1-7 中斜线所示，由于温度随着对流层高度降低而升高，向下长波辐射的有效辐射层（图中 B 点）的温度也会随着下移而增加，从而使到达地表的向下长波辐射通量增加。

　　我们可以把地表-对流层系统对温室气体浓度增高的辐射响应看作两个相关过程的净结果。第一个过程是向下长波辐射通量的增加，先使得地表温度升高。如果时间足够长，地表会通过干湿对流、长波辐射、大尺度环流等方式将能量向上传输，将其获得的几乎全部的辐射能量都传输给上方的对流层，这就导致对流层和地表的温度一起升高。如果变暖时没有其他变化发生，那么最终大气层顶的向上长波辐射会增加。

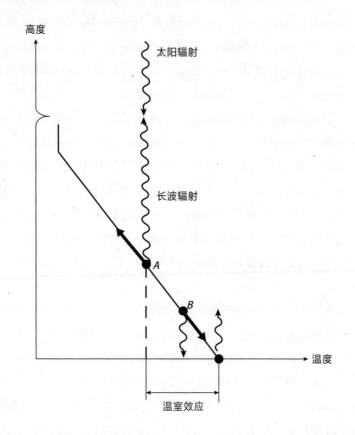

图1-7 温室气体浓度的增高对向上、向下长波辐射的有效辐射层的影响

注：随着大气层中温室气体浓度的增高，通过大气层顶向上长波辐射的辐射层（点A）的平均高度上移。该图还说明向下长波辐射的辐射层平均高度的下移是在响应温室气体浓度的增高。

第二个过程是大气层顶的向上长波辐射通量对温室气体浓度增高的响应。如果温室气体浓度增高，但地表-对流层系统的温度没有发生变化，那么大气层顶的向上长波辐射通量将会减少。为了维持整个地球的辐射热平衡，地表-对流层系统需要恰当地升温，从而使这两个过程产生的影响刚好平衡。这样一来，尽管全球气候变暖，但是大气层顶向上的长波辐射通量仍可保持不变。

全球变暖的程度还受到水汽的正反馈过程这一非常重要因素的影响。正如前文提到的，水汽是大气中最强的温室气体，其对地球长波辐射的大部分波段都有极强的吸收和辐射能力（见图 1-6d），是导致大气温室效应的主要原因。与"生命周期"较长的温室气体（如二氧化碳）相比，水汽在大气中"生存"的时间较短，通常只有几周。但它可以通过地表的蒸发而快速补充，例如海水的蒸发，又会通过凝结和降水而减少。因此，空气中的绝对湿度受到饱和度限制，其上限无法超过 100%。根据克劳修斯-克拉珀龙方程（Clausius-Clapeyron equation），空气的饱和水汽压会随着温度上升而增大，因此大气绝对湿度也会随着温度上升而增加，从而加强温室效应。这种温度与温室效应间的正反馈现象被称为"水汽反馈机制"。我们知道，全球变暖是由二氧化碳、甲烷、一氧化二氮和氟氯烃化合物等"长生命期"温室气体的浓度增高引起的，而"水汽反馈机制"会进一步起到"火上浇油"的作用，我们将在第 6 章对此进行更多的讨论。

除温度变化外，全球变暖还包括气候系统的一些其他响应。由于饱和水汽压与湿润的地表相关（如海洋），并且它随着地表温度的上升而加速增大。根据克劳修斯-克拉珀龙方程，地表温度的上升会使从地表到对流层的蒸发增强，但对流层的相对湿度几乎不会发生变化，这点我们将在后续章节讨论。全球范围内的蒸发量增加，反过来导致降水量的增加，最终使得大气达到水平衡。这就是为什么全球平均蒸发量与降水量随着全球变暖以相同的幅度变化，我们将在第 10 章进一步讨论，正是这个原因使得大气水循环加快。

在这一章，我们解释了影响温室效应的主要因素，这对于维持地表的温暖和宜居性至关重要。我们还解释了为什么随着大气中二氧化碳浓度的增高，地表温度会升高，全球水循环会加速。在本书的其余部分，我们进一步介绍各种调控气候变化的物理过程机制的研究，我们不拘泥于后工业化时代，而是把时间范围扩大到整个地质史，按照大致的时间顺序介绍这些研究。下一个章节，我们从早期的开创性研究说起。

第 2 章

早期研究与二氧化碳翻倍实验

B<small>EYOND</small>

G<small>LOBAL</small>

W<small>ARMING</small>

在这一章，我们介绍关于大气温室效应和全球气候变化的早期研究，这些工作开展于 19 世纪初。我们从让-巴蒂斯特·傅里叶（Jean-Baptiste Fourier）、约翰·丁铎尔（John Tyndall）、阿伦尼乌斯和 E. O. 赫尔伯特（E. O. Hulbert）的开创性工作讲起。

保温罩

如前所述，大气温室效应的提出或许可以追溯至著名数学物理学家傅里叶。在 1824 年和 1827 年发表的论文中（Fourier, 1827; Pierrehumbert, 2004a、b），傅里叶提到了瑞士科学家霍拉斯-贝内迪克特·德·索绪尔（Horace-Bénédict de Saussure）的一项实验。在这项实验中，德·索绪尔在一个容器内铺设了几层黑色软木，并在软木间插入透明玻璃板，各层软木与玻璃板之间以空气分隔。正午的阳光可以透过顶部的玻璃进入容器，这个装置最内部隔层的温度变得更高。傅里叶推测地球大气层可能形成了一个类似玻璃板的稳定屏障，拦截了大量地表发射的向上辐射通量。而正如图 1-6 所示，它对于入射的太阳辐射而言则几乎是透明的。虽然傅里叶没有详细阐述第 1 章中所描述的具体拦截机制，但基于德·索绪尔所做的简单实验，他正确地推测了大气温室效应的存在，这是非常了不起的。关于傅里叶和德·索绪尔论文的有趣评注，请见戴维·阿彻（David Archer）和雷蒙·皮尔霍姆博特（Raymond Pierrehumbert）编撰的《气候变暖论文集》（*The Warming Papers*）第 1 章。

然而，傅里叶并未确定使大气成为一个"保温罩"的具体成分。爱尔兰物理学家丁铎尔成功地确定了这些气体成分，并定量估算了它们对温室效应的相对贡献。他的测量装置使用了热电堆技术，这是气体吸收光谱史上一个早期的里程碑。丁铎尔的结论是，虽然空气中的主要成分如氮气和氧气对长波辐射是透明的，但存在像水汽、二氧化碳、甲烷、一氧化二氮和臭氧这些痕量成分，它们可以吸收并发出长波辐射（见图 1-6d），进而导致温室效应（Tyndall，1859、1861）。他发现水汽是大气中最强的吸收性气体，其次是二氧化碳，它们是调控地表气温的主要气体。定量地估算这些气体对全球变暖的相对贡献则是后期不少研究的主题（如 Wang et al.，1976；Ramanathan et al.，1985）。

第一次定量估算

1894 年，来自瑞典的阿伦尼乌斯（见图 2-1）在斯德哥尔摩物理学会的一次会议上做了一个非常具有启发性的发言，提出当大气中二氧化碳的浓度变化 2～3 倍时，全球平均地表温度的气候变化足以与冰期-间冰期之间的差异相当。在 1896 年发表的论文中（Arrhenius，1896），阿伦尼乌斯详细地描述了他的研究过程，他的研究不仅与大规模的冰期-间冰期气候转变（见第 7 章）有关，而且与目前正在发生的全球变暖有关。他使用了一个简单的气候模式来估算由大气中二氧化碳浓度变化引起的地表温度变化。下面我们介绍这一开创性研究。

图 2-1　阿伦尼乌斯

阿伦尼乌斯定义了两个方程，用来表示一年中各纬度和各季节的大气和地表的热量平衡。在他的方程中，大气的热量平衡由以下因素维持：

- 发射和吸收长波辐射分别导致冷却和加热；
- 吸收太阳辐射导致加热；
- 地表的净向上热通量导致加热；
- 大气环流的大尺度经向热量输送导致加热或冷却。

假设地表没有热容，为保持能量平衡，在接收到辐射能量后，地表会以感热和潜热的形式释放能量。因此，地表的热量平衡由以下因素维持：

- 发射长波辐射导致冷却，吸收长波辐射导致加热；
- 吸收太阳辐射导致加热；
- 地表的净向上热通量导致冷却。

根据上述大气和地表热量平衡方程，阿伦尼乌斯得出了地表温度与大气中二氧化碳浓度之间的关系式。利用该关系式，他计算了各季节在不同纬度上地表温度随大气二氧化碳浓度变化的情况。迭代时考虑第 1 章所述的水汽的正反馈效应，在连续的迭代计算中，随着温度的变化，大气中的相对湿度保持不变。除水汽反馈外，他还考虑了气温上升雪盖向极地退缩，其正反馈效应加强了地表的变暖。这真是令人印象深刻！阿伦尼乌斯发现了两个最重要的正反馈效应，并将其纳入计算。但值得注意的是，他假设即使地表和大气的温度发生变化，水平和垂直的热通量也保持不变，这极大地简化了计算。这一假设意味着地表温度的变化仅由辐射过程控制，而不依赖于大气中的大尺度环流热量输送和垂直对流热量交换。

基于此，阿伦尼乌斯发现，当大气中二氧化碳的浓度翻倍时，全球年平均地表温度将增加 5～6℃。由此得到的全球变暖幅度相当大，处于当前气候模式敏感度范围的高值区（Flato et al., 2013）。如下文所述，阿伦尼乌斯的气候模式的高敏感度主要是由于在计算中使用了过大的二氧化碳吸收率／发射率。

阿伦尼乌斯使用了天文和物理学家撒缪尔·兰利（Samuel Langley）获得的月球辐射记录来估算水汽和二氧化碳的吸收光谱（Langley, 1889）。1997年，拉马纳坦和安迪·沃格曼（Andy Vogelmann）经过详细分析指出，阿伦尼乌斯使用的二氧化碳吸收率偏大，有约 2.5 倍（Ramanathan & Vogelmann, 1997）。他们认为出现这一误差主要是由于在推测二氧化碳吸收率时使用了兰利观测的光谱范围，在该范围内二氧化碳与水汽的吸收带重叠。他们重复了阿伦尼乌斯的计算，使用了当前的二氧化碳吸收率数据，发现在没有反照率反馈的情况下，地表温度在二氧化碳浓度翻倍时只增加了约 2℃。虽然这个结果比阿伦尼乌斯得到的 5～6℃要小得多，但与使用了当前二氧化碳吸收率数据的地表-大气系统一维模式的敏感度相似。

如前所述，大气温室效应的大小不仅取决于温室气体的垂直分布，而且取决于大气温度的垂直结构，而后者依赖于对流和辐射的热传输。因此，为了获得对全球变暖的可靠估算，需要使用多层大气辐射−对流模式，而不是阿伦尼乌斯使用的单层模式。1931 年，E. O. 赫尔伯特最早进行了这种尝试，他开发了一个大气的垂直单柱模式，其中的对流层处于辐射−对流平衡状态，平流层处于辐射平衡状态。他的模式成功地模拟了全球平均的地表温度，这让他深受鼓舞。利用这个模式，赫尔伯特给定二氧化碳的浓度变化，来估算引起的地表温度变化的幅度。他发现，在不考虑水汽正反馈的情况下，地表温度会因大气中二氧化碳浓度翻倍而上升 4℃，并意识到如果把水汽反馈考虑进去，变暖的幅度会更大。尽管有各种反对的观点，赫尔伯特还是得出了与阿伦尼乌斯一致的结论，即二氧化碳浓度变化 2～3 倍时，全球平均地表温度的气候变化足以与冰期−间冰期之间的差异相当。

赫尔伯特得出的变暖 4℃（对二氧化碳浓度翻倍的响应）的结论，与 1997 年拉马纳坦和沃格曼得出的 3.8℃恰好相似，后者使用的是没有水汽和冰雪反照率反馈版本的阿伦尼乌斯模式。当使用了当前的二氧化碳吸收率数据，但是不考虑水汽和冰雪反照率反馈过程时，利用辐射−对流模式计算得到的结果为约 1.2 ℃。赫尔伯特得到的 4℃与拉马纳坦和沃格曼得到的 3.8℃几乎是这个数的 3 倍。因此，赫尔伯特和阿伦尼乌斯采用的二氧化碳吸收率数据很有可能过高，几乎是实际值的 3 倍。如果赫尔伯特再将水汽反馈考虑进去，当大气二氧化碳浓度翻倍时，他计算出的由此引起的地表温度将升高达 6℃。

赫尔伯特的研究是对阿伦尼乌斯研究的自然延伸，他首次使用了可以描述大气垂直温度结构的辐射−对流模式来估算全球变暖的幅度。不幸的是，赫尔伯特的研究在很长一段时间内被忽视，这是因为英国工程师盖伊·斯图尔特·卡伦德（Guy Stewart Callendar）提出了一种非常简单的方法，我们将在下一节对卡伦德的方法进行讨论。尽管存在前文所述的严重缺陷，但赫尔伯特的研究仍然称得上有突破性贡献，比将在第 3 章介绍的真锅淑郎和理查德·韦瑟尔德（Richard Wetherald）的辐射-对流模式研究早了 30 多年。

一个简单的替代方法

在阿伦尼乌斯的研究发表几十年后，卡伦德再次尝试估算大气中二氧化碳浓度变化引起的地表温度变化。然而他的主要研究动机与阿伦尼乌斯不同，阿伦尼乌斯的主要兴趣是探索温室气体在冰期-间冰期气候差异中的作用，而卡伦德在论文的开始就写道：

> 大气热量交换影响着我们的天气和气候，然而在那些熟悉这一自然过程的人中，很少有人愿意承认，人类活动会对如此大规模的现象产生影响。在下面的文章中，我希望说明这种影响不仅可能，而且正在发生（Callendar, 1938, 223）。

卡伦德意识到阿伦尼乌斯在研究中存在的问题，并试图通过更真实的二氧化碳和水汽吸收率更好地估算二氧化碳浓度变化引起的地表温度的变化，他为此使用了一种非常简单的方法，这种方法仅基于地表的辐射热量平衡进行估算，我们将在本章的后面介绍。

如第 1 章所述，大气温室气体浓度的变化会改变到达地表的向上长波辐射通量。例如，大气温室气体浓度增高会导致空气的红外不透明度增加，从而增强大气对长波辐射的吸收。这意味着大气层对来自大气高层的向下长波辐射通量的吸收增加，并且比对大气低层的向下长波辐射通量的吸收增加得更多。因此，产生向下长波辐射通量的有效高度层降低。在产生向下长波辐射通量的对流层，温度随着高度的降低而升高，这意味着随着大气中二氧化碳浓度的增高，到达地表的向下长波辐射通量也会增加。因此，为了维持地表的热量平衡，在其他条件不变的情况下，增加的向下长波辐射通量必须由等量增加的向上长波辐射通量抵消。尽管大气中二氧化碳浓度增高造成了向下长波辐射通量增加，但在卡伦德的研究中，为了维持地表净向上长波辐射通量不变，他估算的地表温度变化的幅度并没有变化。

地表的净向上长波辐射通量（E）定义为向上长波辐射通量（U）与向下长波辐射通量（D）之差：

$$E = U - D \tag{2.1}$$

E 通常是正的，并且随着地表温度的升高而增加。

地表的净向上长波辐射通量的扰动方程可表示为：

$$dE\ (C,\ T_S)\ =\ (\partial E/\partial C)\ \cdot dC + \ (\partial E/\partial T_S)\ \cdot dT_S \tag{2.2}$$

其中，C 是大气中的二氧化碳浓度，T_S 是地表的全球平均温度。假设地表维持热平衡，则 $dE\ (C,\ T_S) = 0$，这意味着 $(\partial E/\partial C) = - (\partial D/\partial C)$，则二氧化碳浓度变化与地表温度之间的关系可表示为：

$$dT_S = [\ (\partial D/\partial C)\ /\ (\partial E/\partial T_S)\ ] \cdot dC \tag{2.3}$$

利用由此得到的公式（2.3），卡伦德估算了由给定的大气二氧化碳浓度变化所导致的地表温度的变化。他假定大气温度的垂直梯度是恒定的，不依赖于地表温度。通过这种方法，他发现当大气中的二氧化碳浓度翻倍时，地表温度会上升约 2℃。这个结果虽然不到阿伦尼乌斯之前得到的 5～6℃ 的一半，但卡伦德的结果看起来与 19 世纪末至 20 世纪初几十年间观测到的全球平均地表温度的上升相一致。

在卡伦德的研究发表几十年后，一些学者尝试重复这一研究，并考虑了被卡伦德忽视的各种因素（Kaplan, 1960; Kondratiev & Niilisk, 1960; Möller, 1963）。例如，吉尔伯特·普拉斯（Gilbert Plass, 1956）发现，当二氧化碳浓度增高一倍时，地表温度会升高 3.6℃。而 L. D. 卡普兰（L. D. Kaplan, 1960）在考虑了云对向下长波辐射通量的影响后，得到了约升高 1.5℃ 的结果。弗里茨·默勒（Fritz Möller, 1963）利用当时可用的最佳的二氧化碳吸收率数据（如 Yamamoto & Sasamori, 1961），得出了升高 1℃ 的结论，这是卡伦德最初得到的 2℃ 结果的一半。意识到上述结果均未考虑水汽反馈后，默勒重新进行了计算，加入了水汽反馈作用，得到一个相当令人惊讶的结果。

如第 1 章所述，由于温室气体的增加，地表变暖的同时对流层温度升高，绝对湿度增加，相对湿度基本保持不变。绝对湿度的增加导致对流层红外不透明度的进一步增加，从而进一步降低了向下长波辐射通量发射层的平均高度。如上所述，由于温度随着对流层高度的降低而升高、向下长波辐射通量增加，故水汽的正反馈效应加强了地表的变暖。为了体现这一效应，默勒修正了公式（2.3），将 $\partial E/\partial T_S$ 更换为 dE/dT_S，得到了描述存在水汽反馈时 dT_S 和 dC 关系的方程：

$$dT_S = [\ (\partial D/\partial C)\ /\ (dE/dT_S)\ ]\cdot dC \qquad (2.4)$$

其中 dE/dT_S 不仅取决于 T_S，还取决于 W（即大气总水分含量）。考虑到 $(\partial E/\partial W) = -(\partial D/\partial W)$，可以写为：

$$dE/dT_S = \partial E/\partial T_S - \partial D/\partial W \cdot (\,dW/dT_S\,) \qquad (2.5)$$

如前所述，地表升温引起 W 增加，进而引起向下长波辐射随之增加，因此公式（2.5）右侧的第二项 $\partial D/\partial W \cdot (\,dW/dT_S\,)$ 为正，抵消了同样为正的第一项，从而减弱了辐射反馈（即 dE/dT_S）对全球平均地表温度扰动的影响。例如，假设地表温度为 15℃，空气的相对湿度固定在 77%，公式（2.5）右边的两项几乎完全抵消，dE/dT_S 为一个很小的负值。换句话说，随着地表温度的升高，净向上长波辐射通量略有下降。这意味着，在存在水汽反馈的情况下，向上长波辐射通量无法抵消由于大气二氧化碳浓度增高而增加的向下长波辐射通量。将由此得到的 dE/dT_S 代入公式（2.4）中，当大气中的二氧化碳浓度增高一倍时，降温幅度可达 6℃。这个不合理的结果是由于长波反馈是正的，此时公式（2.4）不再成立。

地表热平衡的一个重要组成部分是地面向大气释放的感热和蒸发潜热。随着大气中二氧化碳浓度的增高，地表的向下长波辐射通量增加，地表温度上升，从而增加向上的感热通量和潜热通量。但是为了估算地表温度的变化幅度，卡伦德假设向上的感热通量和潜热通量不随地表温度的变化而变化，因而忽略了促使地表热量达到平衡的一个重要过程。这就是默勒遇到上述困难的主要原因，他使用的是类似于卡伦德的地表热平衡方法。虽然阿伦尼乌斯也错误地假设向上的感热通量和潜热通量不会改变，但他并没有遇到类似的困难，因为在他的模式中允许大气的垂直温度梯度增加。升高的垂直温度导致地表向上长波辐射通量增加，有助于抵消二氧化碳和水汽增加导致的向下长波辐射通量的增加。此外，在卡伦德的模式中，垂直温度梯度是固定的，这使得向上长波辐射通量的增加程度不足，无法抵消大气中这两种气体增加所导致的向下长波辐射通量的增加。

在这里我们应该注意到，1979 年，理查德·纽厄尔（Richard Newell）

和托马斯·多普利克（Thomas Dopplick）再次尝试估算大气中二氧化碳浓度翻倍后地表温度的变化。他们利用一个包含了地气热量交换效应的地表热平衡模式，发现温度的上升幅度小于0.25℃。正如1981年R. G. 瓦茨（R. G. Watts）所指出的，他们的模式的响应过小，在很大程度上是因为一个不真实的假设，即近地表大气的温度和绝对湿度不随二氧化碳浓度的增高而变化，这严重地限制了地表温度的变化幅度。

为了得到对全球变暖的可靠估算，需要构建一个能计算地表和大气之间热交换的模式，该模式不需要卡伦德那样的人为假设。20世纪60年代初，已有了对温室气体吸收率的精确测量值，并发展了可有效估算辐射热传输的简单方案（如Goody, 1964; Yamamoto, 1952），在第3章中，我们将介绍该研究。

构建三维大气环流模式的
第一步：一维垂直柱
大气模式

B EYOND

G LOBAL

W ARMING

辐射–对流平衡

在 20 世纪 60 年代早期，当时美国气象局的地球物理流体动力学实验室开发了一维垂直柱大气模式。这个一维辐射–对流平衡模式是作为发展三维大气环流模式（具体见下一章）的第一步而构建的。尽管如此，一维模式对于探索各种温室气体（如水汽、二氧化碳和臭氧）在维持大气热力结构中的作用非常有效。我们将介绍真锅淑郎和罗伯特·斯特里克勒（Robert Strickler）建立的模式（Manabe & Strickler, 1964），并评估其在模拟大气温度垂直分布方面的性能。在本章的后半部分，我们将介绍如何使用这一模式来估算大气和地表温度对大气中二氧化碳浓度变化的响应。

在辐射–对流模式中运行的物理过程有 4 个，分别是太阳辐射、长波辐射、大气对流以及地表和大气之间的热量交换。考虑到大气中云和温室气体（如水汽、二氧化碳和臭氧）浓度的垂直分布特征，将该模式初始时刻的温度分布设置为一个给定的温度垂直廓线，然后对温度变化率做数值计算，并考虑以下 4 个因子：

- 大气吸收的太阳辐射；
- 大气吸收和发射的长波辐射；
- 地表向对流层传输的热通量；
- 对流层向上的对流热量传输。

如前所述，地表的热量平衡是指太阳辐射、长波辐射以及地表与大气层间的热通量三者之间的平衡。虽然地表热通量由感热通量和潜热通量组成，但在模式中没有对这两种通量加以区分，而是将这两种通量视作同一种热通量。这种简化在本书所介绍的全球平均模式中是合理的，因为几乎所有从地表蒸发的水汽最终都会凝结，水汽蕴含的潜热在对流层中向上输送时会转化为显热释放到大气中。然而值得注意的是，地表的热量平衡过程还应包括海洋中的垂直热量混合过程，以及土壤中的热传导过程。尽管在短时间内，这些过程中的热通量有可能会很大，但从足够长一段时间的平均来看，通常都很小。因此，可以假设地表将它获得的所有能量都还给了上方的大气层。

该模式使用一个叫作"对流调整"的模块来模拟对流过程。当温度垂直递减率超过了临界值，该模块被触发，将温度垂直递减率调整到对流中性状态，从而维持总势能（即势能和内能的总和）的恒定。在模式中触发对流的温度垂直递减率的临界值为 6.5℃ / km，这一数值接近实际大气对流层中温度递减率的全球平均观测值，并且与大气中饱和气团上升时所满足的湿绝热温度廓线无太大差异，由此也强调了深厚的湿对流在中低纬度大气中的主导作用，我们将在第 4 章对此进行探讨。

在真锅淑郎和斯特里克勒所构造的模式中，大气层被分为厚度不一的 18 层，通过积分计算来确定每一层的气温值。该模式积分的初始时刻为等温大气（整层大气温度相等），积分的时间步长较短。在每一次积分中，模式会计算出由太阳辐射和长波辐射导致的温度变化，并且在大气的最底层，还需要计算由地表的热通量所造成的温度变化，然后把计算出的所有温度变化的数值累加到前一步积分结束时得到的温度中。

经上述运算过程得到的每一次积分结束时的温度垂直廓线，还需要通过对流调整模块进一步修正。当温度垂直递减率超过临界值时，该模块会将温度垂直递减率调整到对流中性递减率，同时维持垂直空气柱的总能量不变。在完成对流调整过程后，模式才进入下一个时次的积分，重复该过程直到模式中大气的状态不再发生变化，并且大气顶部的净入射太阳辐射与向上的长波辐射相当。

真锅淑郎和斯特里克勒使用上述模式获得了两种理想情况下无云大气达到辐射-对流平衡时的状态。他们将模式初始时刻的大气分别设置为非常暖和非常冷的等温大气，然后对该模式进行了两次积分。在两次积分的整个过程中，该模式大气层顶的年平均入射太阳辐射的全球平均通量数值的设置，是基于二氧化碳的平均浓度、水汽和臭氧的垂直分布的实际观测数值计算得到的，并保持不变。

图 3-1 展示了在这两次积分过程中，全球平均温度的垂直廓线是如何演变的。在经过了 320 天的时间积分后，尽管在初始时刻时大气温度分布的差异很大，但最终通过该模式计算得到的温度廓线几乎相同。图 3-1 中的粗实线表示最终计算出的温度廓线，在对流层中温度的垂直梯度恒定，在平流层的下层几乎为等温状况，而平流层上层温度随高度的增高而逐渐上升。

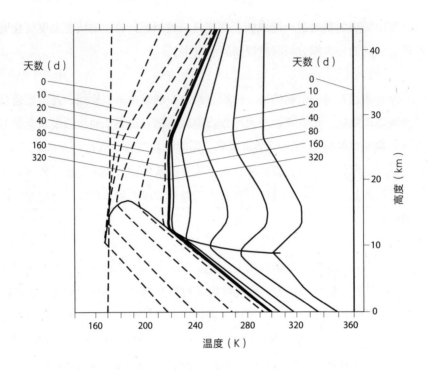

图3-1　从冷和暖两种等温大气初始状态到达到辐射-对流平衡过程中温度垂直廓线的变化

注：虚线和实线分别表示温度为170K的冷等温大气和360K的暖等温大气，粗实线表示最终达到辐射-对流平衡时的情况，9～16km高度之间接近水平的细实线表示对流层顶位置。

资料来源：Manabe & Strickler（1964）。

　　为了评估对流对大气热力结构的影响，我们将辐射-对流平衡状态下的温度垂直廓线与辐射平衡状态下的温度廓线进行了比较（见图3-2）。其中辐射平衡状态下的温度垂直廓线是在没有对流的情况下，太阳辐射和长波辐射之间达到平衡时大气的温度垂直廓线。两条廓线间的差异表征了对流对大气和地表温度的贡献。

在辐射平衡状态下，地表的温度非常高（333K，即 60℃），但随着高度升高，温度急剧下降，下降速率远大于 6.5℃ / km，即超过对流的温度垂直递减率的临界值（图 3-2 中的实线）。如图 1-6b 所示，由于无云大气无法拦截波长为 0.4～0.7μm 的可见光辐射，在这种情况下大部分入射太阳辐射能够到达地表并被地表吸收或反射。而且，如第 1 章所述，大气层捕获了大部分地表向上发射的长波辐射，为了在对流层没有对流的情况下维持入射太阳辐射和净向上长波辐射之间的平衡，地表的温度就必须维持在一个非常高的水平上。

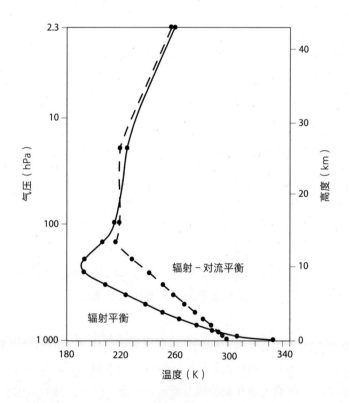

图3-2 无云大气在辐射平衡和辐射-对流平衡时的垂直温度剖面

资料来源：Manabe & Strickler，1964。

此外，在辐射–对流平衡状态下，地球的表面温度为 300K（27℃），大气温度随高度线性下降，由于对流调整，递减率为临界值（即 6.5℃ /km）。在这种情况下，地球的表面温度远低于辐射平衡时的地表温度，而在对流层中上层的情况正好相反。简而言之，对流活动将热量向上传递，是形成对流层的原因，在对流层之上是稳定、没有对流的平流层。

图 3-3a 展示了在满足辐射–对流平衡条件下，无云大气是如何维持热量平衡的。在对流层中，对流输送和大气吸收太阳辐射对大气起到加热作用，而大气发射长波辐射导致冷却，二者之间维持着热量平衡。如第 1 章所述，水汽和二氧化碳能够发射和吸收大部分地球长波辐射，也会导致图 3-3a 所示的对流层的净长波冷却。此外，水汽能够大量吸收太阳辐射中 0.8 ～ 4μm 的波段，这就是图 3-3 中两幅图所示的太阳辐射加热对流层的原因。

在缺乏对流加热的平流层中，大气吸收太阳短波辐射而产生的热量和大气长波辐射导致的净冷却之间维持着热量平衡（见图 3-3a）。这时太阳的加热效果主要归因于臭氧，它能大量吸收太阳光谱中波长小于 0.3μm 的紫外辐射（见图 1-6d）。对于波长约 15μm 的长波辐射，二氧化碳存在显著的发射和吸收（见图 1-6d）现象，这一过程造成了平流层的净长波冷却（见图 3-3a）。虽然水汽也有会助于平流层的冷却，但其影响小于二氧化碳（见图 3-3b）。总之，平流层的热量平衡基本上是由臭氧所吸收的太阳短波辐射产生的加热和二氧化碳发射和吸收大气长波辐射所导致的净冷却来维持的。

上述讨论的辐射–对流平衡状态是在假设大气中无云的条件下获得的。然而在实际中，约一半的地表都被云层覆盖。一方面，如第 1 章所述，云会产生温室效应，即通过吸收长波辐射使地表变暖。另一方面，云层会反射入射的太阳辐射，从而对大气产生冷却作用。因其产生的冷却作用大于加热作用，所以云在地球的热量收支中是净冷却的效应。

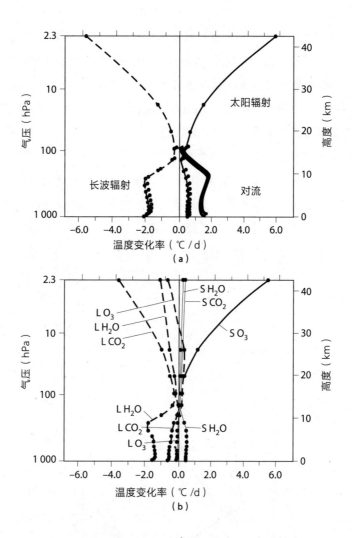

图 3-3　辐射-对流平衡状态下无云大气热收支分量的垂直分布

注：图（a），对流、太阳辐射和长波辐射引起的温度变化率的垂直分布。图
（b），实线表示水汽（S H₂O）、二氧化碳（S CO₂）和臭氧（S O₃）吸收太
阳短波辐射（S）而导致的温度变化率的垂直廓线；虚线分别表示水汽（L
H₂O）、二氧化碳（L CO₂）及臭氧（L O₃）发射和吸收长波辐射（L）而引
起的温度变化率。

资料来源：Manabe & Strickler，1964。

　　为了真实地模拟地表的温度，真锅淑郎和斯特里克勒根据 1957 年汇编的伦敦的实际观测数据，在模式中设置了一定的云量并重新计算，得到的达到辐射-对流平衡时的地表温度为 287K（14℃）。这一数值与全球平均的气温观测值相近，并且比无云条件下计算得到的 300K（27℃）低约 13℃，证实了云对全球地表平均温度的净冷却效应。

　　如图 3-4 所示，我们将得到的辐射-对流平衡温度垂直廓线与美国标准大气（即美国中纬度地区大陆上空的年平均气温廓线）的垂直温度分布进行比较，尽管该模式低估了平流层下部的温度，但它还是很好地再现了紧密耦合为一体的地表-对流层的温度。

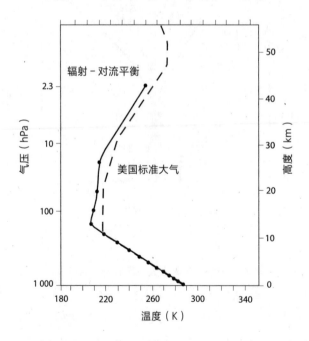

图 3-4　美国中纬度地区平均云量大气的辐射-对流平衡温度垂直分布

资料来源：Manabe & Strickler，1964。

对二氧化碳浓度变化的响应

用一维辐射-对流模式成功地模拟出了大气温度垂直廓线，真锅淑郎和韦瑟尔德大受鼓舞，并于 1967 年用它来模拟大气温度对二氧化碳浓度变化的响应（Manabe & Wetherald, 1967）。他们做了三个模拟实验，在每个实验中设置了不同的二氧化碳浓度。第一个模拟实验为对照实验，设置二氧化碳浓度为 300ppmv，计算了大气达到辐射-对流平衡状态时的温度垂直分布，300ppmv 的二氧化碳浓度比当时的实际观测值略低[①]。另外两个实验的二氧化碳的浓度分别为 600ppmv 和 150ppmv，分别为对照实验的 2 倍和 1/2。根据模式计算出三种二氧化碳浓度条件下大气温度分布的差异，他们估算出大气温度对大气中二氧化碳浓度翻倍和减半的平衡响应。

对于每种大气二氧化碳浓度的实验，模式的积分时间都长达几百天。为了体现水汽对温度变化的正反馈效应，模式在积分过程中持续地对大气绝对湿度进行调整，使三个实验在积分过程中对流层的相对湿度保持不变。因为平流层没有对流过程，所以将平流层的绝对湿度数据设定为一个极小的固定值，该数值是根据 H. J. 马斯滕布鲁克（H. J. Mastenbrook）利用气球进行观测得到的数据设定的（Mastenbrook, 1963）。

图 3-5 展示了三个实验最终得出的模式大气达到辐射-对流平衡时大气温度的垂直廓线。在 300ppmv 的标准二氧化碳浓度条件下，地表温度为 288.4K（15℃），与全球平均地表温度观测值相近。正如第 1 章所述，随着大气二氧化碳浓度翻倍至 600ppmv，不仅地表温度升高了 2.4℃，而且整个对流层的温度都升高了。相反，当二氧化碳浓度从 300ppmv 减半至 150ppmv 时，地表温度降低了 2.3℃。

---

① 20 世纪 60 年代中期大气中的二氧化碳浓度约为 320ppmv。——译者注

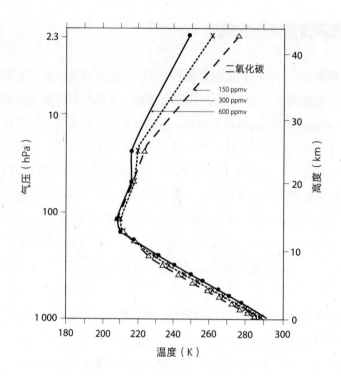

图 3-5　三种二氧化碳浓度达到辐射−对流平衡时的温度垂直廓线

注：三种不同的大气二氧化碳浓度分别为 150、300 和 600ppmv。

资料来源：Manabe & Wetherald，1967。

在二氧化碳浓度翻倍的实验中，其浓度增高了 300ppmv，但在浓度减半的实验中，其浓度仅降低了 150ppmv。尽管前者的二氧化碳浓度变化的幅度是后者的 2 倍，但两个实验的温度变化幅度是相似的。大气温度的这种非线性变化主要是由辐射传输的物理特性导致的。由于二氧化碳的吸收率（或发射率）大致与二氧化碳浓度值的对数成正比，因此，温室效应也与大气二氧化碳浓度值的对数成正比。所以，尽管在二氧化碳浓度减半的实验中二氧化碳浓度变化只有二氧化碳浓度翻倍实验的一半，但后者导致的变暖幅度与前者导致的降温幅度是相近的。

虽然在第 1 章中我们已经讨论了地表－对流层系统温度变化的机制，但为便于读者阅读，我们在此做简要复述。随着大气中二氧化碳浓度增高，地表处的向下长波辐射通量增加。而地表温度升高，也会增加地表向覆盖在上面的对流层传输的热通量。在对流层里，对流过程向上传递热量。这样不仅地表的温度会随二氧化碳浓度的增高而升高，而且整个对流层的温度也会随之升高。而尽管大气中温室气体的浓度增高，但大气层顶部向上辐射的长波通量保持不变，由此就可以计算出大气增暖的幅度。

并且，由于在对流层中相对湿度不变，而绝对湿度有所增加，大气中水汽对增暖的正反馈作用会进一步放大增暖效应。为了在模拟中定量评估水汽对大气温度增暖的影响，真锅淑郎和韦瑟尔德进行了另一组模拟实验，在该实验中他们关闭了水汽的正反馈作用（Manabe & Wetherald, 1967）。在这些模拟实验中，他们将绝对湿度设置为保持恒定，而不是像此前的模式那样不断调整从而使相对湿度保持不变。在此前提下，他们再利用模式进行二氧化碳标准浓度、浓度翻倍以及减半的实验。比较这三种实验最终达到辐射－对流平衡状态时大气温度的差异，就可以估算出在没有水汽正反馈的情况下，地表温度对二氧化碳浓度变化的平衡响应。

他们发现，随着大气中二氧化碳浓度的翻倍或减半，地表温度分别升高和降低约 1.3℃，这个结果小于存在水汽正反馈时所得到的 2.4℃ 和 2.3℃。这些实验的结果表明，水汽具有很强的正反馈效应，将地表温度变化放大了约 1.8 倍。

当大气中二氧化碳浓度翻倍时，如图 3-5 所示，地表和对流层温度随之升高，与此形成鲜明对比的是平流层会出现冷却。如图 3-3b 所示，由于没有对流的加热作用，平流层的热平衡主要由臭氧吸收太阳短波辐射产生的加热效应和二氧化碳发射和吸收长波辐射的净冷却效应维持。例如，如果大气中二氧化碳浓度翻倍，二氧化碳发射长波辐射导致的冷却效应会加剧，由此当达到热力平衡时平流层的温度会降低。这就是图 3-5 所示的在二氧化碳浓度翻倍实验中平流层出现冷却的主要原因。

平流层的冷却造成了大气层顶部向上发射的长波辐射减少。由于模式中平流层处于局部辐射平衡状态，即大气顶部向上发射的长波辐射的减少量等于对流层顶处（即对流层与平流层的交界面）向平流层发射的长波辐射净通量的减少量。因此，地表-对流层系统的升温幅度比没有平流层冷却时的升温幅度更大。简而言之，这就是詹姆斯·汉森（James Hansen）等人提出的，平流层的冷却会加剧地表-对流层系统的增暖（Hansen et al., 1984）。

在过去的几十年里，全球平均的平流层温度一直在下降。图 3-6 显示了卫星微波探测和无线电探空仪观测到的全球平均大气温度的时间序列。在过去半个世纪里，全球平均的平流层低层温度以每十年约 0.4℃的速率下降，与同期对流层低层每十年约 0.2℃的变暖速率形成鲜明的对比。从定性的角度来看，观测到的平流层和对流层相反的温度变化趋势与上述利用一维辐射-对流模式所得到的结果几乎一致。然而，正如 V. 拉马斯瓦米（V. Ramaswamy）在 2006 年所指出的那样，平流层的冷却可能不仅仅是大气二氧化碳浓度增高导致的，还可能与平流层中臭氧的减少有关。关于这方面的详细讨论，请参考联合国政府间气候变化专门委员会（IPCC）和技术经济评估小组特别报告第 1 章的内容（IPCC/TEAP, 2005）。

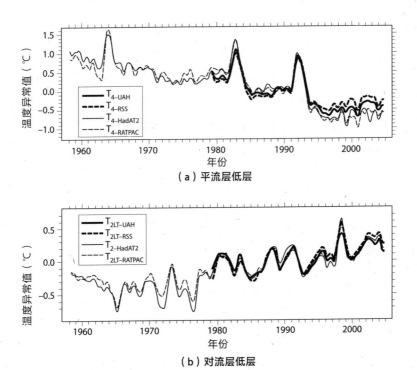

（a）平流层低层

（b）对流层低层

图 3-6　来自 T. R. 卡尔（T. R. Karl）等人得到的全球平均温度的时间序列

注：所用的数据为卫星微波探测数据（UAH、RSS 和 VG2）和无线电探空

仪（UKMO HadAT2 和 NOAA RATPAC）的观测数据。在他们的分析中，

平流层低层为地表以上 10～30 千米，对流层低层为 6 千米以下的大气层。

这两个时间序列是相对于 1979—1997 年月平均值的偏差，并做了 7 个月

的滑动平均处理。有关卫星微波探测数据和无线电探空仪观测数据的缩写

请参见 IPCC，2007。

资料来源：Trenberth et al.，2007。

正如拉马纳坦和詹姆斯·科克利（James Coakley）在一份综述报告中所

讨论的那样（Ramanathan & Coakley, 1978），随着大气温室气体浓度的变化，

一维辐射-对流模式在初步估算大气和地表全球平均温度的变化方面是非常有效的。此外，为了探索当前的工业化时期和地质历史期的气候变化，人们亟需开发出一个大气-海洋-陆地耦合的三维大气环流模式，而一维模式的构建已被证明是发展该三维大气环流模式的关键一环。在下一章中，我们将简要介绍大气环流模式的早期发展进程，并评估它们在模拟全球气候分布方面的性能。

第 4 章

大气环流模式的演变：
从 UCLA 模式到 GFDL 模式

B EYOND

G LOBAL

W ARMING

大气环流模式是由数值天气预报的动力学模式演变而来的, 这些天气预报模式已经成为天气预报中不可缺少的一部分, 在我们日常生活中得到了广泛的应用。20 世纪 50 年代, 诺曼·菲利普斯 (Norman Phillips) 在普林斯顿高等研究院首次尝试模拟大气环流 (Phillips, 1956), 他使用了他研发的一个进行数值天气预报的简单模式。在此, 我们简要介绍这项真正的开创性研究。

在菲利普斯研发的模式中, 大气被分为上下两层。在每一层, 风矢量和温度都是在规则分布的二维网格点的阵列上确定的。通过对运动方程和热力学能量方程进行数值积分, 计算出每个网格点上的风和温度随时间的变化。该模式的计算区域是一个纬向宽度为 10 000 千米的理想化的纬圈通道。

模式的初始状态是静止的等温大气, 菲利普斯对该模式进行了数值时间积分。其中大气在低纬度地区加热, 在高纬度地区冷却, 并在地表施加摩擦。由于受到热强迫作用, 温度的纬向梯度随时间逐渐增大。在这个过程中大气中形成了宽广的西风气流, 并伴随着经向翻转环流, 该环流在通道中心以南上升，以北下沉。第一阶段实验持续了约 30 天，在积分后期纬向风的垂直切变超过了大尺度扰动发展的临界值。在这种情况下，积分计算中引入的小扰动导致了波长数千千米的行星波快速发展。虽然非线性计算的不稳定性导致流场没有达到统计上的稳定状态，但该模式成功地模拟出强西风急流和与之相关的行星波，这与中纬度地区观测的结果类似。由于行星波引起的扰动，上述经向翻转环流基本上局限于低纬度地区，这也类似于我们所观测到的在热带上升、副热带下沉的哈得来环流。

菲利普斯的实验模拟了控制全球气候分布的大气环流的显著特征。受这一开拓性尝试的鼓舞，好几个研究组织的科学家也开始研发大气环流模式，例如地球物理流体动力学实验室（Smagorinsky, 1963）、劳伦斯利弗莫尔国家实验室（Leith, 1965）、加州大学洛杉矶分校气象学系（UCLA, Mintz, 1965）和美国国家大气研究中心（Kasahara & Washington, 1967；详见 Edwards, 2010 的第 7 章）。为了便于之后章节的讨论，我们在这里介绍一下加州大学洛杉矶分校气象学系和地球物理流体动力学实验室这两个机构开发的模式及其结构和性能，即 UCLA 模式和 GFDL 模式。

UCLA 模式

在加州大学洛杉矶分校气象学系，耶尔·明茨（Yale Mintz）和荒川昭夫构建了一个对流层两层的全球模式。该模式考虑了海洋和大陆表面海拔的真实分布情况（Mintz, 1965、1968）。在对流层上下两层上，与菲利普斯研发的模式一样，UCLA 模式计算了规则网格点上的风和温度。模式积分从静止的等温大气开始，数值积分的时间为几百天。在整个积分的过程中，将在大气层顶的入射太阳辐射设定为 1 月份的太阳辐射入射量，根据观测资料将海表温度的空间分布设定为 1 月份的月平均海表温度，并基于热力平衡计算出地球陆地表面温度。在积分后期，模式达到了准稳定状态，即在大气层顶射入的太阳辐射和射出的长波辐射之间达到了平衡。该模式的网格间距为经度 9°，纬度 7°，尽管这一分辨率在现在看来很粗糙，但它不仅能很好地模拟出大气中的时间平均环流，还能模拟瞬时波扰动的振幅。这一模拟的成功在很大程度上归因于荒川昭夫提出的针对原始运动方程组的有限差分方案（Arakawa, 1966）。通过这一非常巧妙的方案，模式可以进行稳定的数值时间积分，而不会出现菲利普斯遇到的非线性计算不稳定性问题。在这里，我们介绍一些他们的研究亮点。

用上述模式，我们得到了纬向平均的纬向风（东西方向风）的二维剖面图，如图 4-1 所示。在地球两个半球的对流层上部，以强西风气流为主，在低纬度和高纬度地区有相对较弱的东风（见图 4-1a 阴影部分）。

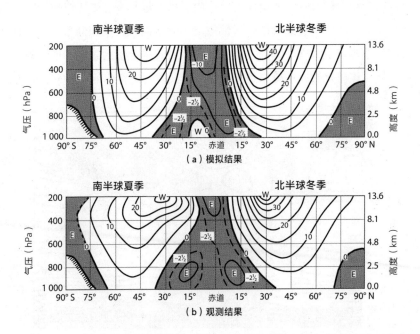

图 4-1 1 月份全球纬圈平均纬向风的纬度-高度剖面图（m/s，正值为向东）

资料来源：Mintz，1965。

　　在该模式中，北半球的西风带要强于南半球的西风带，与实际观测结果
（见图4-1b）高度一致，这是因为1月份北半球是冬季，而南半球是夏季。
虽然对纬向风场的成功模拟在很大程度上可以归因于模式设定（基于观测设
定的对流层静力稳定度和海表温度的空间分布），但该模式如此成功地模拟
出了纬向风的纬度-高度剖面，仍然引人瞩目。

　　该模式模拟的海平面气压场的空间分布如图4-2a所示，并与实际观测结
果（见图4-2b）进行比较。该模式很好地模拟了1月份观测到的月平均海平
面气压的大尺度分布。在北半球，模式将西伯利亚高压定位在亚洲中部地区，
冰岛低压定位在北大西洋北部；在北太平洋和副热带地区分别有低压中心和
高压带；在南半球，该模式模拟了南大洋上经向气压梯度较强的一条纬圈
带，该纬圈带维持着强烈的地面西风。由于风矢量几乎与等压线平行，对海
平面气压的成功模拟意味着该模式模拟出了近地面风的地理分布。总之，该
模式成功地再现了大气环流的主要特征，如对流层上层的急流和地表附近的
风场分布。该模式的成功模拟是大气环流模式发展历程中的一个重大突破。

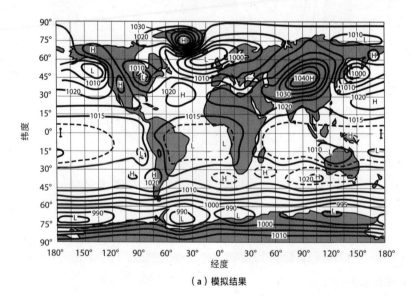

（a）模拟结果

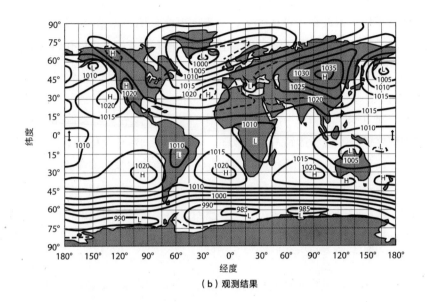

（b）观测结果

图 4-2　1 月份海平面气压场（hPa）

注：高压中心和低压中心分别标记为 H 和 L。

资料来源：Mintz，1965。

GFDL 模式

在 20 世纪 50 年代末和 60 年代初，斯马戈林斯基也成功对两层大气模式进行长时间积分（Smagorinsky，1958、1963）。为了避免出现菲利普斯模式进行积分时的计算不稳定性的问题，斯马戈林斯基使用了非线性黏性方程。这一方法的成功令他备受鼓舞，他开始制订一项雄心勃勃的计划，即开发一个全面的大气环流模式。

1958 年初，斯马戈林斯基邀请当时刚在东京大学完成博士学位的真锅淑郎移居美国，并与他的团队一起开发这一大气环流模式。当时，真锅淑郎找不到工作，因此很快就接受了，后来的事实证明，这是他长达 60 年的职业生涯中最重要的决定之一。到该年秋天，他来到了位于华盛顿特区郊区的美国气象局大气环流研究部门，正式加入了斯马戈林斯基的团队。

1958 年秋天，在一个阳光明媚的日子，斯马戈林斯基在波托马克河对岸的华盛顿国家机场接到了真锅淑郎。一行人刚到斯马戈林斯基家中，后者就开始谈论他雄心勃勃的计划，即开发一个全面的大气环流模式，显式地将大气环流动力学、辐射传热和水循环纳入模式中。这是一幅气候模式发展的蓝图，从那时以后，这种模式已成为预测气候变化不可或缺的一部分。受到这一计划的鼓舞，真锅淑郎全身心地投入极具挑战性的项目中。

真锅淑郎意识到斯马戈林斯基在模式的动力部分已经取得了显著进展，因此他将注意力集中到其他部分，如辐射传热、大气中的湿对流和干对流，以及大陆表面的热量和水分收支。斯马戈林斯基邀请辐射传热的专家默勒教授访问自己的研究团队，默勒提出了非常宝贵的建议。为了克服数值稳定性和计算效率的问题，必须对那些无法显式解析的参数化过程（即所谓的次网格尺度过程）在模式中都尽可能地进行简化。

到 20 世纪 60 年代中期，团队建立了一个模式，成功地将动力部分与上述其他部分结合起来。从该模式开发工作中获得的结果发表在两篇论文中（Manabe et al., 1965; Smagorinsky et al., 1965）。第一篇论文描述了没有水循环的模式的结果，第二篇论文描述了显式包含水循环的模式的结果。在下面的章节中，我们将介绍第二篇论文（以下称为"年平均模式"），并重点介绍从中获得的结果。

年平均模式

在三维网格点阵列上，年平均模式不仅模拟了风矢量和温度，而且模拟了湿度。这一网格在水平方向上的间距约为 500 千米，在垂直方向上包含从地表到平流层中层的 9 个非均匀分布的气压面。利用原始运动方程、热力学能量方程和水汽连续性方程，该模式可以计算出三个变量随时间的变化。

如图 4-3 所示，该模式明确地纳入了各种物理过程，包括大尺度环流的热力平流、太阳辐射、长波辐射、干对流和湿对流以及凝结热等。此外，该模式还考虑了地表与大气之间的动量、热量和水汽的交换过程，这些过程通过表面摩擦、感热通量和蒸发实现。

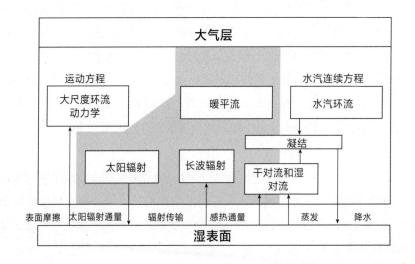

图 4-3　GFDL 模式初始版本包含的物理过程

资料来源：Manabe et al., 1965。

该模式使用了第 3 章介绍的一维辐射-对流模式的方法,来计算太阳和陆地辐射的垂直分布。模式不仅考虑了温度的分布,而且考虑了二氧化碳和云的分布,并且使用辐射传输方程计算了大气中由于吸收太阳辐射、发射及吸收长波辐射所造成的温度变化率。

控制温度和水汽垂直分布的重要过程之一是延伸到对流层上层的深层湿对流。深对流的概念模式源自赫伯特·里尔(Herbert Riehl)和乔安妮·马尔库斯(Joanne Malkus)提出的"巨型热塔"假说(Riehl & Malkus,1958)。

热塔大多形成于强对流风暴中,在热塔中饱和空气强烈上升,造成质量亏损,这由饱和空气的强烈下降运动补偿,因此维持了大气中饱和气团上升所满足的湿绝热温度分布廓线。由于热塔的体积较大,从热塔周围进入热塔中相对干燥的空气并不能显著地降低热塔内部的湿度。因此一个巨大的热塔通常能向上发展,延伸到对流层高层,并且经常能达到对流层顶。与此形成显著对比的是信风积云这些发展高度相对较低的对流,在这些浅对流中,饱和空气的强上升运动被局地周围干燥空气的缓慢下沉补偿。

值得注意的是,爱德华·齐普瑟(Edward Zipser)的研究指出,这种具有热塔特征的中尺度对流系统不仅在低纬度地区发展,在中纬度地区也有发展(Zipser, 2003)。例如,热带气旋的眼壁、飑线和产生快速扰动和暴雨的锋面系统。

我们在这里介绍的模式中,深对流采用了真锅淑郎等人提出的"湿对流调整"方案来表示(Manabe et al., 1965)。

当饱和气柱的垂直温度梯度超过湿绝热递减率的时候,该方案就会对其进行调整。最初提出湿对流调整方案是为了避免产生计算不稳定，这种不稳定会发生在湿绝热不稳定分层的饱和层中。尽管如此，湿对流调整方案还是能很好地模拟中尺度深对流。就像上文所提及的热塔一样，在中尺度深对流中，饱和空气的上升气流被饱和空气的下沉气流补偿。在模式中的低纬度地区，湿对流调整方案对整个对流层的静力稳定性起着至关重要的作用。

为简单起见，在构建模式的初始版本时进行了许多理想化的处理。例如，太阳辐射不随季节变化，模式在大气层顶部给定随纬度变化的年平均日照量。该模式中的模拟区域也采取理想化处理：模拟区域被限制在一个半球内，并在赤道处设置了一个自由滑动的边界。其中地表被沼泽状的潮湿表面覆盖，平坦且水平均匀，有无限量的水，并且热容量为零。地表的温度仅仅取决于其所满足的热平衡，这意味着模式假设地表和地球内部之间没有热交换。

该模式从静止的等温干燥大气的初始状态开始，进行了 187 天的数值时间积分。到了第 150 天，大气和地表的温度不再有系统的变化。

图 4-4a 是 GFDL 模式的纬圈平均温度的纬度－高度剖面图，是对最后 30 天时间积分的平均，图 4-4b 为观测到的温度分布。比较两者，我们会发现这两个剖面图很相似。例如，虽然较为粗略，但该模式再现了对流层顶高度随纬度的变化，其中对流层顶是对流层和其上稳定的平流层之间的界面。因此，这个模式看起来已经包含了对流层顶形成和维持所必需的基本物理过程。

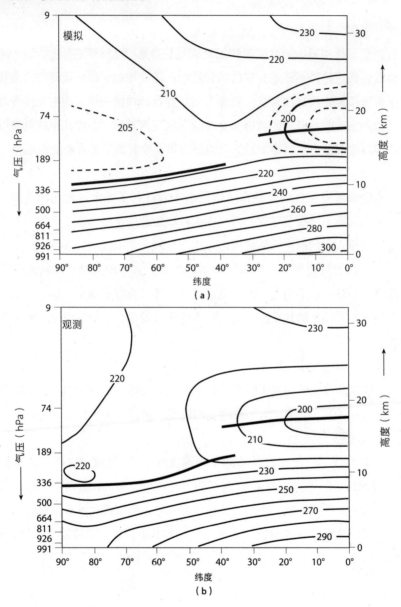

图4-4 GFDL 模式的纬圈平均温度（K）的纬度-高度剖面图

注：图（a），由 GFDL 模式的初始版本模拟的结果。图（b），观测结果，
其中粗实线表示对流层顶的高度。

资料来源：Manabe et al., 1965。

虽然这里没有明确说明，但该模式也定性地再现了热带辐合带（ITCZ）的强降水区、中纬度风暴轴以及副热带少雨区。然而其热带雨带的经向跨度太窄，这不仅因为该模式在赤道上人为设置了自由滑壁，还因为不包含季节变化。同时，该模式不包含季节变化也是热带对流层顶未能向中纬度延伸足够远的原因，如图 4-4a 所示。

季节循环模式

年平均模式在模拟大气中纬圈平均温度的纬度–高度剖面方面的表现令人鼓舞，因此年平均模式被转换为存在季节变化的全球模式，其中有真实的地理分布，入射太阳辐射也随季节变化。在海洋表面，模式给定了有季节性变化的海面温度，其水平分布与观测数据保持一致。模式中大陆表面的温度通过模式计算确定，使其满足吸收太阳辐射的加热作用与长波辐射、感热和蒸发潜热的净向上通量的冷却作用之间的平衡要求。表面蒸发量由表面温度和土壤湿度（即根区所含的水分）的函数确定。土壤湿度的时间变化是根据水平衡要求计算的，其中降雨和融雪使土壤湿度增加，径流和蒸发使土壤湿度降低。雪水当量通过模式计算增减差异获得，其中考虑降雪造成的增加，以及升华和融化造成的损失。

计算能力日益强大的计算机使模式的计算分辨率提高 1 倍成为可能，这意味着网格间隔从约 500 千米减少到约 250 千米。但是为了节省计算机运行时间，在模式初始化的过程中仍然采用了低分辨率的版本。在这次初始运行中，将 1 月份的海面温度和在大气层顶处的入射太阳辐射通量设置为边界条件（Holloway & Manabe, 1971）。确定了初始状态之后，对季节循环模式进行约 3.5 年的数值时间积分。尽管该模式使用的计算机是 20 世纪 70 年代初期运算能力最强的计算机之一，但完成时间积分仍需要数千小时。本书中的分析使用了模拟输出的最后两个年循环。

　　图 4-5a 展示了季节循环模式模拟的平均年降水量的地理分布。在热带地区，大面积强降雨位于西太平洋和印度洋。另一个强降雨地区位于亚马孙盆地。在热带东太平洋，热带雨带的北支位于赤道以北，南支位于中太平洋并向东南延伸。模式模拟的热带降水的地理分布模态与图 4-5b 中观测到的情况非常吻合。

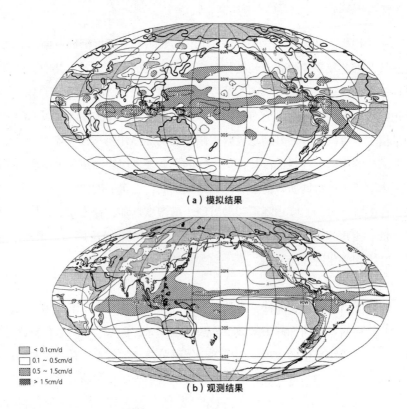

（a）模拟结果

（b）观测结果

图 4-5　平均年降水量（cm/d）的全球分布

注：请注意，观测的降水的等值线在大陆上经过人为平滑处理，在细节上与原始分布不同。

资料来源：Manabe & Holloway，1975。

在低纬度地区, 纬圈平均降水受到哈得来环流的强烈影响, 哈得来环流在赤道附近的上升运动造成了热带地区的强降水, 而在副热带地区的下沉运动使当地降水受到抑制。这一现象导致了撒哈拉和澳大利亚等地区降水稀少, 与观测结果相一致。无论是模式模拟还是观测结果, 中纬度地区的降水量都比较大, 这主要是因为该地区温带气旋活动频繁, 经常产生强降水。

如果我们将模拟的热带降水分布与热带海面温度分布进行比较, 就可以发现, 在低纬度地区, 海洋表面更暖的地方与周边区域相比, 降水量通常比较大, 这与观测结果一致。这是因为包括热带气旋在内的热带扰动经常在这些地区发展, 从而产生强降水。正如真锅淑郎等人所阐述的那样 (Manabe et al., 1970、1974), 用湿对流调整模式表示的深对流会在对流层上层形成一个暖心, 这个暖心对热带气旋的发展起着至关重要的作用。

值得注意的是, 该模式除在模拟降雨的地理分布方面表现出众外, 还较好地模拟了大气环流的地理分布, 尤其是在科里奥利力 (Coriolis force) 较弱且湿对流占主导地位的低纬度地区。图 4-6a 和图 4-6b 显示了 1 月和 7 月地表附近月平均流场的空间分布。在这两个月, 流场的特征均表现为从副热带海洋上的反气旋向上辐散, 在赤道附近辐合为一条狭窄的带——热带辐合带。例如在该模式中, 东太平洋热带辐合带在 1 月和 7 月都位于赤道以北。然而和1 月相比, 它在 7 月的位置更偏北。在大西洋上, 尽管热带辐合带在 1 月前后非常接近赤道, 但也会发生类似的季节性移动。热带辐合带的季节性移动与热带雨带的季节性移动很好地吻合, 如前文所述, 热带雨带形成于热带核心区域 (近赤道地区), 这一区域的海表温度高于周围。结果表明, 在海洋表面设置真实的温度分布, 对成功模拟热带降水和流场分布有很大贡献。

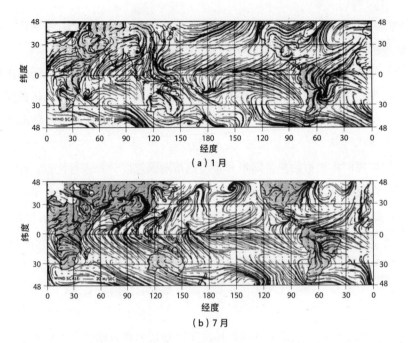

图 4-6　地表附近气流（由流线和风矢量表示）的模拟数据

资料来源：Manabe et al.，1974。

　　这一模式模拟的近地表流场最显著的特征之一是 7 月份印度洋和太平洋西侧的强跨赤道南风，它为印度和东南亚的季风降雨提供了大量的水汽。在 1 月份，北印度洋海表气流方向逆转，从西伯利亚高压吹出北风到达赤道，并进入赤道以北的热带辐合带。如图 4-7 所示，上述地表气流的特征与实际大气中的特征非常吻合。

　　在本章中，我们粗略阐述了大气环流模式的早期发展，评估了它们在模拟风、温度和降水分布方面的性能。这些成功的模拟充分表明大气环流模式可能是一个研究和预测气候变化非常强大的工具。在接下来的章节中，我们将介绍越来越复杂的大气环流模式，并描述如何使用它们来阐明全球变暖的物理机制以及地球水循环中的相关变化。

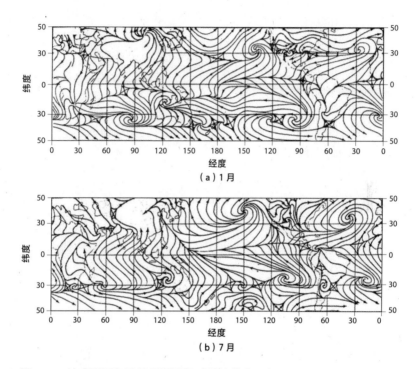

（a）1月

（b）7月

图 4-7　地表附近气流的观测数据（以流线表示）

资料来源：Manabe et al., 1974。

第 5 章

基于大气环流模式的
早期数值实验

B EYOND

G LOBAL

W ARMING

极地放大效应

20 世纪 60 年代末和 70 年代初,地球物理流体动力学实验室开始使用大气环流模式研究气候变化,并在 70 年代中期发表了两篇论文阐述了这项工作的研究结果(Manabe & Wetherald, 1975; Wetherald & Manabe, 1975)。第一篇论文讨论了气候对大气二氧化碳浓度翻倍的总体响应,第二篇论文评估了气候对太阳辐照度变化 2% 的响应。尽管用于这些研究的模式与第 4 章中提到的年平均模式相似,但大气环流模式与之前提到的模式有一个重要的区别:为了体现水汽的正反馈效应,大气环流模式的辐射传输是通过该模式计算出的水汽分布来计算的,而不是像最初的年平均模式那样使用实际观测的水汽分布。

由于当时的计算机的计算能力有限,所以研究者希望能够尽量降低每个数值实验对计算能力的需求。为了达到这一目的,模式模拟的空间区域从覆盖一个半球缩减为一个仅覆盖全球 1/6 的扇形区域。如图 5-1 所示,该区域的东西边界由两条相距 120° 的经线界定,南北范围从赤道延伸至 81.7°。在计算大气的变化时,将积分区域的东边界和西边界设置成循环连续,这样从这两个南北向边界之一离开的大气扰动将通过另一个边界重新进入模拟区域，并在赤道和 81.7° 设置自由滑动的边界（要求 $v=0$，以及 u 的法向导数为 0）。尽管空间范围有所缩小，但该计算区域的宽度足以维持行星尺度的波动，它们对于调控大气环流的动力过程至关重要。

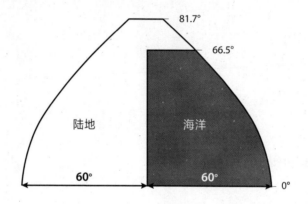

图5-1　真锅淑郎和韦瑟尔德所用的大气环流模式的计算区域
资料来源：Manabe & Wetherald, 1975。

　　扇形计算区域又进一步被分割为陆地和海洋区域，东西范围分别各占 60°。与先前将模式中的海面温度给定为实际观测资料不同，该模式中海洋和大陆表面的温度均由热力平衡过程决定，这样的设置默认海洋表面的热容量和大陆表面的热容量均为零。这一假设的目的是，当大气二氧化碳浓度或太阳辐照度发生变化后，模式的大气温度能够对此时大气顶部能量平衡发生的变化进行响应。当海洋表面温度下降至海水冰点（−2℃）以下时，假定海面被具有高反照率的海冰覆盖。该模式将海洋表面设置为始终湿润，并且有无限的水供应，像第 4 章介绍的年平均模式那样，大陆表面的土壤湿度和积雪深度则通过积分计算获得。研究者通过允许模式对具有高反照率的海冰和积雪进行计算，使模式能够计算出让气候敏感度增强的反照率反馈过程。

二氧化碳浓度翻倍实验

为了估算二氧化碳浓度翻倍对大气达到辐射－对流平衡状态时的温度的改变，利用该模式进行了两组模拟实验。

在第一组实验中，模式中大气二氧化碳浓度为 300ppmv。开展了两个模拟实验，积分时长均为模式时间 800 天，这两个模拟实验仅在初始状态上有所不同。尽管两个实验的模拟都是从静止的等温干燥大气开始计算，但其中一个实验的初始大气非常温暖，另一个则非常寒冷。虽然开始时大气温度差异很大，但两个实验最终计算得到的大气温度几乎相同。对实验结束前最后100 天的数据进行平均处理，就得到了两个实验中大气温度在准平衡条件下的状态。而在另一组类似的实验中，将大气二氧化碳浓度设置为 600ppmv，并以相同的方式获得了在二氧化碳浓度翻倍情况下的大气准平衡状态。最后根据这两种准平衡状态之间的差异，确定大气温度对二氧化碳浓度翻倍时的平衡响应。

图 5-2a 展示了纬圈平均温度对二氧化碳浓度翻倍的平衡响应，所得结果与第 3 章中描述的一维辐射－对流模式得到的结果一致。不仅地表温度升高，而且对流层的温度也升高了，平流层的温度却降低了。在约 5 千米高度以下的对流层低层，气温升高的幅度随着纬度的增高而增大，并且这在近地表层的大气中尤其明显。这主要是由于具有高反照率的积雪和海冰的覆盖范围向极地退缩。

然而，仔细观察图 5-2 就可以发现，高纬度地区的大幅变暖并不局限于大气的近地表层，相反，增暖现象一直向上延伸到了对流层中层。这一结果强调了极地放大效应不只是由气温升高与反照率降低之间的正反馈造成的，还可能与大尺度大气环流变化导致的高纬度地区对流层静力稳定性降低有关（Held，1978）。

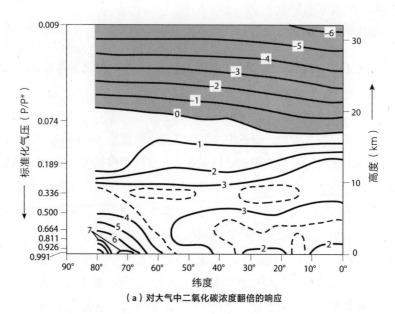

（a）对大气中二氧化碳浓度翻倍的响应

（b）对太阳辐照度增加 2% 的响应

图5-2　大气纬圈平均温度（℃）平衡响应的纬度-高度剖面

注：P* 表示地表气压。

资料来源：Manabe & Wetherald, 1975。

在高纬度地区，对流层的变暖幅度随着高度的升高而减小；而与此相反，在低纬度地区，对流层的变暖幅度随着高度的升高而增大。这主要是由于在热带地区有深厚的湿对流活动，这使垂直温度梯度保持与湿绝热递减率接近。如图 5-2 所示，由于湿绝热递减率随温度升高而降低，因此对流层上层的变暖幅度大于对流层下层。根据卫星的微波探测数据（Fu et al., 2004;Fu & Johanson, 2005），在过去的几十年里，与地表相比，热带地区的变暖在对流层上层更为显著，与上述实验得到的结果一致。有趣的是，由于高纬度和低纬度之间存在互相补偿，模式中对流层的平均静力稳定性几乎没有随着二氧化碳浓度的翻倍而改变。这也证实了第 3 章中在使用全球平均的大气对流–辐射模式时，假设对流层静力稳定度不变是合理的。

相较二氧化碳浓度为 300ppmv 的实验，在二氧化碳浓度翻倍的实验中，整个模式区域平均的地表温度增加了 2.9℃。这一数值略高于存在水汽反馈过程的对流–辐射模式所得到的 2.4℃，这是因为这里所使用的三维模式不仅包含了水汽反馈过程，而且包含了积雪和海冰的反照率反馈，是否包含积雪和海冰的反照率反馈过程是造成两个模式计算的变暖幅度产生差异的主要原因。

为了探究模式中的水汽反馈过程如何产生作用，如图 5-3 所示，纬圈平均相对湿度随着大气中二氧化碳浓度翻倍而变化的纬度–高度剖面。图中相对湿度的分布非常不均匀，因为相对湿度对升温的整体响应远小于其自然变率的幅度。但是从这一结果中，我们仍然可以看出相对湿度分布存在一定程度的系统性变化。例如，在 700 hPa 以下的对流层低层，相对湿度增加了几个百分点，而在 300～700 hPa 的对流层上层，相对湿度有所减少。参考真锅淑郎和韦瑟尔德关于对流层相对湿度与地表平均温度关系的研究（Manabe & Wetherald, 1967），就可以大致估算出上述相对湿度变化对地表温度变化的影响。我们估计该相对湿度的变化所引起的变暖不超过 0.1℃，因为对流层上层和下层中相对湿度的变化对温度的影响存在部分抵消的情况。简而言之，三维模式中水汽反馈过程的强度，很可能与第3章中介绍的相对湿度不变的一维辐射-对流模式水汽反馈过程的强度相近。

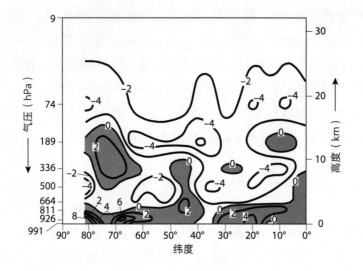

图5-3　纬圈平均相对湿度随二氧化碳浓度翻倍而变化的纬度-高度剖面

注：纬圈平均相对湿度是纬圈平均水汽压与纬圈平均饱和水汽压的百分比。

资料来源：Manabe & Wetherald，1975。

近130年来的气候观测数据证实了全球变暖存在极地放大效应。图5-4比较了北极地区和整个北半球的平均地表异常温度的时间序列。从该图中可以看出两个时间序列都存在系统性的变暖趋势，并且存在年际、年代际和多年代际等不同时间尺度的波动。然而，北极地区的平均变暖速率远大于整个北半球的平均变暖速率，这就是全球变暖存在极地放大效应的有力证据。虽然在此我们没有进一步提供具体的图表数据做比较，但全球变暖的极地放大效应在南半球并不显著。这是因为在南大洋上，热量的深度垂直混合作用占主导地位，使海洋表面的变暖幅度非常小。

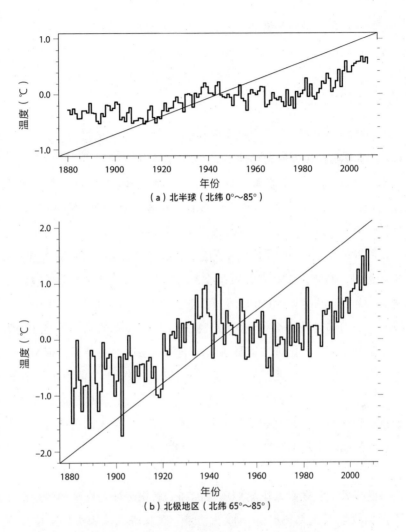

（a）北半球（北纬 0°～85°）

（b）北极地区（北纬 65°～85°）

图5-4 北半球和北极地区平均地表温度的差异变化的时间序列

注：该时间序列（相对于 1880—1960 年的平均地表温度）由 P. M. 凯利（P. M. Kelly）等人通过计算获得，其后 P. 布罗昂（P. Brohan）等人用新数据将其扩展到 2010 年。

资料来源：Kelly et al.，1982；Brohan et al.，2006。

在第 8 章中，我们将借助一个大气与完整海洋耦合的模式对这一机制做进一步探讨。

太阳辐照度的变化

我们已经展示了大气中二氧化碳浓度翻倍的数值实验结果。此外，我们还针对太阳辐照度（大气顶部的平均入射太阳辐射）开展了类似的实验，即分别对模式中太阳辐照度做 2%、−2% 和 −4% 的改变。图 5-2b 的纬度-高度剖面图展示了大气纬圈平均温度对太阳辐照度增加 2% 的平衡响应。将这种情况下的温度分布与二氧化碳浓度翻倍的情况（见图 5-2a）进行比较，我们发现在 15 千米以下的对流层中，这两种情况的纬圈平均温度的变化非常相似。例如，在对流层的近地表层中，变暖的幅度随着纬度的增高而增大，并在高纬度地区达到最大值。此外，在对流层上层，即 10 千米高度以上，随着纬度的增高，变暖略有减缓。值得注意的是，虽然在太阳辐照度增加 2% 和二氧化碳浓度翻倍情况下的热强迫存在差异，但在两种情形下得出的结果十分相近。尽管在这两种情况下都产生数值为正的热强迫，但在太阳辐照度增加 2% 的情况下，热力作用导致的变暖速度随纬度升高减小得更快。当考虑热强迫的经向梯度的差异时，令人惊讶的是，两种热强迫导致的纬圈平均温度变化的经向剖面非常相似。

当模拟大气温度对太阳辐照度增加和二氧化碳浓度增高的响应时，使用不同的气候模式都得到了相似的结果。汉森等人使用美国航空航天局（NASA）戈达德太空研究所（GISS）开发的大气环流模式做了一组实验（Hansen et al., 1984）。他们做了太阳辐照度增加 2% 和二氧化碳浓度翻倍的实验。实验结果显示，在这两种情况下纬圈平均温度的纬度-高度剖面图几乎相同，这与我们得到的结果一致。这些研究表明，在对流层和地表，温度变化的纬圈剖面几乎不依赖于热强迫的分布。实际上，温度的变化主要取决于热强迫的总体大小，其控制着近地表温度的极地放大程度。这些结果还表明，当模拟对流层和地表的温度变化时，可以用增加 2% 太阳辐照度实验的结果代替二氧化碳浓度翻倍的实验结果，而且减少 2% 和减少 4% 太阳辐照度实验的结果也可以分别代替二氧化碳浓度减半和二氧化碳浓度减少为 1/4 的实验所得的结果。

在二氧化碳浓度翻倍和增加 2% 太阳辐照度的情况下得到了相似的大气温度剖面，这表明两者可能存在一种动力学机制，使对流层的经向温度梯度保持在某个临界值以下。在这个临界值以下时，对流层的静力稳定度几乎不会发生变化。如第 4 章中所说，斯马戈林斯基通过分析两层模式长期积分的结果，已经提出了这样一种机制（Smagorinsky, 1963），而后 P. H. 斯通做了进一步阐述（P. H. Stone, 1978）。我们在此将简述这一假设。假设经向温度梯度超过了造成中纬度西风带不稳定的临界值（即斜压不稳定），大气行星尺度波动的振幅会增大，由此增强了热量从低纬地区向极地的传输，而热量的经向传输也防止了对流层经向温度梯度的进一步增大。我们可以推测，在二氧化碳浓度翻倍和太阳辐照度增加 2% 的实验中，模式的对流层中也有类似的机制在起作用。尽管在这两个实验中，经向平均的热强迫分布具有较大差异，但是这一机制很可能是导致纬圈平均温度的变化具有相似的经向分布的重要原因之一。

图 5-5 展示了在四种不同太阳辐照度条件下得到的纬圈平均地表温度随纬度的变化。其中对照实验中太阳辐照度值为 $340W/m^2$，其他三个实验的太阳辐照度分别改变了 2%、−2% 和−4%。对比这三个实验的结果可以看出，由于在−4% 实验中地表温度降低，积雪和海冰的反照率反馈增强，因此得到的经向温度梯度比 2% 实验更大。表 5-1 列出了 2%、−2% 和−4% 实验达到平衡时区域平均的地表温度。为了便于比较，图中还列出了利用第 3 章中介绍的辐射–对流模式所得到的结果。与对照实验的结果相比，辐射–对流模式在太阳辐照度增加 2% 的情况下，地表温度增加了 3.04℃。这样的变化

幅度明显小于 -2% 实验中得到的 -4.37℃和 -4% 实验中得到的 -5.71℃。也就是说，随着太阳辐照度降低，太阳常数（地球在日地平均距离处与太阳光垂直的大气上界单位面积上在单位时间内所接收太阳辐射的所有波长总能量）每降低 2% 所导致的降温幅度会增大。

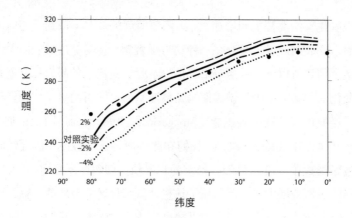

图 5-5　四种太阳辐照度情况下的纬圈平均地表气温（K）的经向廓线

注：太阳辐照度分别为太阳常数增加 2%、对照实验（太阳常数 =1 395.6W/m²）、太阳常数降低 2%、太阳常数降低 4%。黑点表示纬圈平均地表温度的观测数据的年平均值。

资料来源：Wetherald & Manabe，1975。

表 5-1　平均地表气温对太阳辐照度变化的平衡响应

太阳辐照度的变化	模式中地表温度的变化	
	GC 模式	RC 模式
太阳常数增加 2%	3.04℃	2.57℃
太阳常数降低 2%	-4.37℃	-2.55℃
太阳常数从降低 2% 到降低 4%	-5.71℃	-2.54℃

注：GC 模式指大气环流模式，RC 模式指第 3 章中提到的辐射–对流模式。

资料来源：Weherald & Manabe，1975。

在大气环流模式中，热力响应与全球平均温度的依赖度关系与辐射－对流模式中的有较大差异。在辐射－对流模式中，太阳辐照度每增加 2% ，温度分别升高 2.57℃、2.55℃ 和 2.54℃，即每增加 2% 造成的升温幅度几乎一样。这两个模式间的差异主要是由积雪和海冰的反照率反馈差异导致的，简而言之，随着极地雪和海冰覆盖面积增加，同等热强迫所引起的温度变化幅度会随着地表温度的降低而增加。换句话说，每减少一定的热强迫，极地雪和海冰的覆盖范围将向赤道延伸一定距离。这些延伸出的具有高反照率的雪和海冰所覆盖的面积与冰雪边界所处的纬圈长度成正比。因此，冷却效应的增强会带来更强的冰反照率反馈效应。

能量平衡模式是理解冰反照率反馈过程的有力工具。在最简单的一维能量平衡模式（EMB）中，仅涉及温度随纬度的变化。构成能量平衡的物理过程包括大气向外太空发射长波辐射、大气对入射太阳短波辐射的吸收和反射，以及大尺度大气环流引起的热量的经向传输，这些物理过程的变化都取决于纬圈平均的地表温度分布。M. I. 布迪科（M. I. Budyko）和 W. D. 塞勒斯（W. D. Sellers）率先构建了此类模式，并用它们来研究极地冰冠对太阳辐照度变化的响应（Budyko & Sellers, 1969）。I. M. 赫尔德（I. M. Held）和 M. J. 苏亚雷斯（M. J. Suarez）以及 G. R. 诺思（G. R. North）在这些开创性研究的基础上，对模式特性做了严格的数学分析，针对冰冠和地表温度对太阳辐照度变化的响应，给出了宝贵的见解（Held & Suarez, 1974; North, 1975a、b, 1980）。

尽管一维能量平衡模式的结构较为简单，但其预测了前文中所介绍的利用大气环流模式得到的许多发现。例如，能量平衡模式表明，太阳辐照度降低导致的全球平均地表温度降低会更显著，这是因为冰冠从极地向中纬度地区的扩张使得反照率反馈加剧。赫尔德和苏亚雷斯等人还指出，当太阳辐照度下降到临界值以下且极地冰冠范围超出临界纬度时，冰冠会变得不稳定，即所谓的"冰冠不稳定"。在这种情况下，由于长波辐射发射的温度依赖性和热量的经向扩散，冰反照率的正反馈效应超过了负反馈效应，使得冰层的覆盖范围可以一直延伸到赤道，让整个地球都被冰层覆盖。这样的场景不禁让人联想到大约 7.5～5.5 亿年前断断续续出现的"冰雪地球"（Harland, 1964; Hoffman et al., 1998; Pierrehumbert et al., 2011）。根据布迪科和塞勒斯基于能量平衡模式的研究，太阳辐照度降低不到 2% 就足以出现这种冰冠不稳定现象。这一结论与在本章前面提到的韦瑟尔德和真锅淑郎得到的研究结论（Wetherald & Manabe, 1975）有所不同，后者表明太阳辐照度降低远超 2%（或二氧化碳浓度降低超过一半）是发生冰冠不稳定的必要条件。

利用两层大气的大气环流模式，赫尔德等人深入研究了高纬度冰冠对太阳辐照度的敏感度（Held et al., 1981）。由于他们使用的是简化的大气模式，因此得以用较小的计算成本做大量的数值实验，并且可以相对容易地获得大气准平衡状态。赫尔德等人发现，该简化模式模拟出的冰冠对太阳辐照度变化的响应与能量扩散平衡模式所得出的结果有很大差异。当太阳辐照度仅降低几个百分点时，在简化模式中冰冠边界附近的反照率梯度区会向赤道方向推进到 60° 纬度附近，模式中气候对太阳辐照度的变化非常敏感，但有这种敏感度并不表明冰冠不稳定会一触即发。相反，随着太阳辐照度进一步降低，模式中气候对太阳辐照度的变化反而不再那么敏感。当太阳辐照度降低不超过 5% 时，极地大冰冠相对稳定，但是当太阳辐照度进一步降低时，冰冠的覆盖范围会一直延伸到 20° 纬度附近。随着太阳辐照度进一步降低，冰冠不稳定会继续发展，进而覆盖整个地表。

赫尔德等人通过调节热量的扩散系数，使之随纬度变化，在两层扩散能量平衡模式中也获得了与大气环流模式类似的结果。他们发现，如果选择与大气环流模式相似的具有明显经向结构的扩散率，当冰冠边界处于大气有效扩散率随着纬度降低而增加的区域时，冰冠边界对太阳辐照度的敏感度较低。反之，当冰冠边界进入大气有效扩散率随着纬度降低而降低的区域时，冰冠边界对太阳辐照度的敏感度增强。这些实验的结果表明，在具有恒定扩散率的能量平衡模式中发现的冰冠不稳定现象，如果想要在大气环流模式中模拟出类似的现象，需要更大幅度地降低太阳辐照度。能量的有效扩散率对纬度的依赖性是造成这种响应差异的原因，这表明瞬变涡旋的能量传输必须考虑纬度对扩散率的影响。由于在能量平衡模式中热扩散率与纬度无关，因此在定量解释基于能量平衡模式所得到的研究结论时需要更谨慎。

季节性变化

到目前为止，我们已经介绍了一系列关于气候变化的研究，这些研究都基于高度理想化的模式，即将模式中的太阳辐照度设置为恒定的年均太阳辐照度。到了 20 世纪 70 年代，地球物理流体动力学实验室已经能使用性能更强大的计算机，由此研究人员就可以在此前用于研究气候变化的大气环流模式中，引入真实的地形地貌和存在季节交替变化的太阳辐照度参数，从而使模拟更接近实际情况。基于一个能够模拟真实地貌和季节交替的太阳辐照度的模式，真锅淑郎和 R. J. 斯托弗（R. J. Stouffer）揭示了全球变暖的极地放大效应如何受到季节变化的影响（Manabe & Stouffer, 1979、1980）。在讨论他们的研究结果前，我们先简要地介绍该模式的结构。

这一模式的模拟区域覆盖了整个地球，能够模拟海洋和大陆真实的地理分布。与第 4 章中描述的季节循环模式一样，它由大气环流模式和大陆表面的热量－水分平衡模式组成。与早期的模式相比，该模式中的海面温度不是基于观测资料给定的，而是用厚度约为 70 米的垂直等温层来表示海洋，这个等温层被称为混合层。模式中混合层的温度要能够满足海洋表面的热量收支，在该模式的海洋中不发生热量的水平传输，并且也不考虑混合层和深海层之间的热量交换。虽然这种热量交换过程在短时间内的作用不是很重要，但它能够显著地影响地表温度在数十年或数百年时间尺度上的变化。我们将在第 8 章和第 9 章中讨论深海在气候变化中的作用。

　　海冰是影响海洋混合层热量收支的重要因素之一。海冰通常覆盖在高纬度地区的海洋表面，能够反射大部分入射的太阳短波辐射。海冰还减少了海洋混合层与大气之间的热量交换，从而显著地影响混合层的热量平衡。在模式中，海冰厚度的变化是通过计算热量收支方程得到的。影响海冰生成与减少的物理过程包括降雪、海冰顶部的升华和融化，以及海冰底部的冻结或融化（见图 5-6）。尽管热量可以通过海冰传导，但模式中海冰的冻结率或融化率是不变的，这是因为，模式中海洋混合层的温度始终保持在冰点附近（–2℃）。将海冰上表层的温度设置为当太阳短波辐射、长波辐射、感热通量、升华和通过海冰热传导达到平衡时的温度。当由此计算出的温度超过海冰熔点（0℃）时，海冰发生融化，模式就将海面温度维持在海冰熔点。

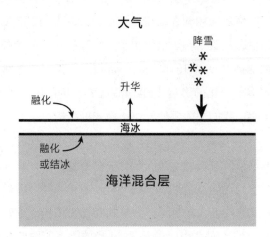

图5-6　大气－混合层海洋模式中海冰收支的组成部分

注：图中模式由真锅淑郎和斯托弗构建。

资料来源：Manabe & Stouffer，1979、1980。

真锅淑郎和斯托弗利用上述大气-混合层海洋模式，尝试模拟了气候的季节性变化。模式积分的初始状态为静止的等温大气，积分时长为模式时间 10 年。一开始，模式里全球平均地表温度发生了十分迅速的变化。然而，在接近积分结束时，全球平均地表温度逐渐接近达到热量平衡状态时的温度。即达到热量平衡状态时，全球平均的向上长波辐射通量与大气层顶部的净入射太阳短波辐射通量相当。

为了评估该模式对地表温度季节性变化的模拟能力，我们将该模式所模拟出来的 8 月和 2 月平均地表气温差异图与实际的观测情况进行了比较（见图 5-7）。请注意，因为南北半球季节相反，8 月和 2 月气温差的符号在两个半球相反，我们主要通过衡量差异的大小粗略估算地表温度在一年中的变化幅度。

对比图 5-7 中的图 a 和 图 b 可以发现，模式模拟出的 8 月和 2 月地表气温差异的地理分布与实际情况比较吻合。例如，海洋表面温度在一年中的变化幅度远小于陆地，这一差异是由海洋混合层的热惯性特点导致的。令人大受鼓舞的是，我们仅对模式中的海洋混合层进行了较为简单的处理，模式就能够较好地模拟地表温度年循环的地理分布。

真锅淑郎和斯托弗还使用大气-混合层海洋模式研究了大气二氧化碳浓度增高对气候的影响。该实验将大气二氧化碳浓度固定在 300ppmv 的实验（1xC）作为对照实验；将大气二氧化碳浓度调高为标准值 4 倍的实验（1 200ppmv；4×C）作为研究高二氧化碳浓度下气候情况的实验。通过比较 4×C 和 1×C 两种二氧化碳浓度条件下所模拟出的气候情况，可以确定气候对二氧化碳浓度增高的响应。在 4×C 实验中如此显著地增高二氧化碳浓度，是为了放大气候对二氧化碳浓度增高的响应情况。如第 3 章所述，由于气候的辐射强迫与变化前后的二氧化碳浓度之比成正比，4 倍二氧化碳浓度所引起的气候变化效应大约是 2 倍二氧化碳浓度的 2 倍。

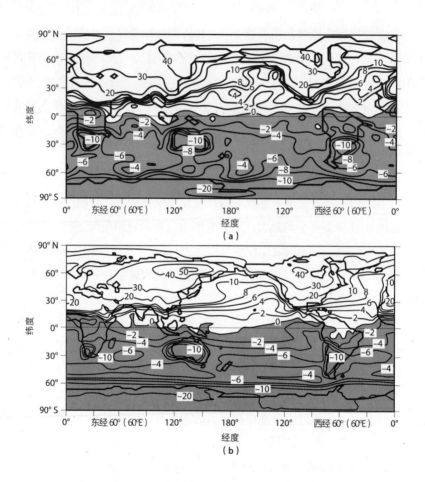

图5-7 南北半球2月和8月平均地表气温（℃）差异的地理分布

注：图（a），模拟分布。图（b），根据1970年H. L. 克拉彻（H. L. Crutcher）、
J. M. 梅泽夫（J. M. Meserve）和J. J. 塔拉里达（J. J. Taljaad）等人绘制的
观测数据得到的分布（Crutcher & Meserve，1970）。注意，当等值线之间
的平均地表温度相差小于10℃时，等值线上的最高地表温度和最低地表温
度相差2℃；当等值线之间的平均地表温度相差大于10℃时，等值线上的
最高地表温度和最低地表温度相差10℃，负值区域用阴影表示。

资料来源：Manabe & Stouffer，1980。

图 5-8 展示了二氧化碳浓度增高为实际的 4 倍之后，模式模拟出的纬圈月平均的地表温度随纬度和月份的变化。可以看出全球变暖的极地放大效应具有明显的季节性，在北半球的高纬度地区，地表变暖的幅度存在巨大的季节性差异。从秋季到晚春，极地显著变暖；但在北半球夏季，极地变暖特征变得微弱，并且没有变暖的极地放大现象。

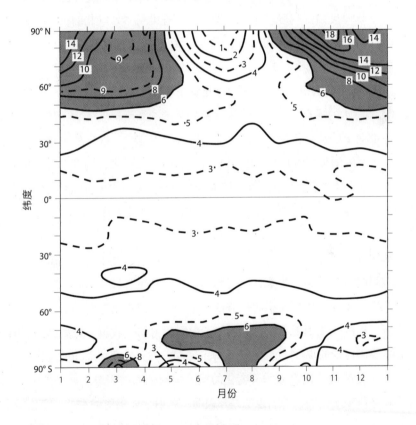

图 5-8　模式模拟得到的月平均纬圈地表温度（℃）

资料来源：Manabe & Stouffer，1979、1980。

　　尽管在南纬 70° 的南极海岸附近也出现了类似的季节性变化，但该温度变化的幅度要小得多。由此可见，海冰在调节冰下海水与冰上大气间的热量交换中，扮演了一个至关重要的角色，因此海冰主导了北冰洋及其附近地区变暖的季节性特征。

　　图 5-9a 显示了在对照实验（1xC）中，位于两个半球高纬度地区的海冰的纬圈平均厚度是如何随季节发生变化的。在北纬 60° 以北的极地，海冰在 8～9 月这三个月中冰量最少、冰层最薄。海冰厚度从 10 月开始增加，这种增加趋势一直持续到第二年 4 月，并达到海冰厚度的最大值。如图 5-8 所示，从夏季到初冬，虽然模式中地表温度迅速下降，但海冰下的水温一直维持在 −2℃，即海水的冰点。这使从海冰底部到顶部的温度梯度变大，从而增强了海冰底部向上的热量传导，海冰底部的海水发生冻结，这也是 9 月至第二年 4 月海冰厚度增加的原因。在晚春，由于日照增加和来自周围大陆的暖空气平流的影响，冰层表面融化，海冰厚度开始减少。虽然南极海岸附近也出现了类似的海冰厚度的季节性变化，但其变化幅度不如北冰洋显著。

　　从图 5-9 可以看出，大气−混合层海洋模式中，海冰的覆盖面积在夏季日照较强时较小，而在冬季日照较弱时较大。海冰总量和日照之间的这种负相关关系，体现了海冰面积的季节性变化，这样的变化降低了海冰在一年周期内所反射的太阳辐射总量，而增加了太阳辐射的吸收量。正如真锅淑郎和韦瑟尔德所讨论的那样（Manabe & Wetherald, 1981），海冰面积的变化是造成有季节变化的模式比没有季节变化的模式中的平均地表温度高的原因之一。去除和保留年变化的模拟结果的差异表明，入射太阳辐射的季节性变化越小，反照率反馈就越强，地表的平均温度就越低。太阳辐射和海冰面积之间的关系为冰期的天文学理论提供了支持，即夏季日照减少会促进北半球冰盖面积增大。有关该主题的深入讨论，请参阅 J. D. 海斯（J. D. Hays）和 J. 英布里（J. Imbrie）等人的研究成果（Hays et al., 1976; Imbrie, 1979、1980）。

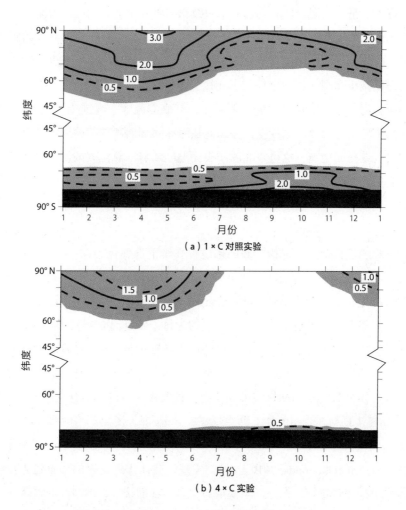

图 5-9　纬圈平均海冰厚度（m）随纬度和月份的变化特征

注：阴影表示海冰厚度超过 0.1m 的区域。

资料来源：Manabe & Stouffer，1980。

比较 4×C 和 1×C 实验模拟出的纬圈平均海冰厚度的纬度－月份分布图
（见图 5-9），可以看出在 4×C 实验中海冰的覆盖率和厚度显著减小，这在很大程度上是夏季混合层对入射太阳短波辐射吸收增加导致的。因此在夏季时海冰覆盖率较低，并且比 $1 \times C$ 实验中同期小得多。夏季海冰对太阳短波辐射吸收增加延缓了秋冬季节海冰的生成，并使全年海冰厚度减少。海冰厚度的整体减少在很大程度上增强了北极变暖幅度的季节性差异（见图 5-8）。在冬天，海冰顶部的温度比底部低得多，其底部温度一直维持在海水冰点。由于热传导率与海冰厚度成反比，因此从海冰底部向顶部传输的热量会随着海冰厚度变薄而增加，这也是北冰洋表面温度随着二氧化碳浓度的增高而升高的主要原因。当海冰顶部和底部的温差非常大时，冬季变暖的幅度也会非常大；而在夏季这一温差比较小时，变暖的幅度也较小。

有观测数据证实了北极变暖的幅度存在季节性变化。W. L. 查普曼（W. L. Chapman）和 J. E. 沃尔什（J. E. Walsh）用观测资料研究了 1961—1990 年北极陆地站温度的季节性变化（Chapman & Walsh, 1993）。他们的分析表明，冬季和春季变暖速率的中位数分别约为每十年升温 0.25℃ 和 0.5℃。夏季这一趋势接近于零，秋季这一趋势平稳或略有降温。在夏季几乎没有观测到变暖的趋势，这一现象与出现在冬季和春季明显的变暖趋势形成了鲜明的对比。总体来看，观测结果与模式模拟出的北极变暖的季节性变化一致。J. A. 斯克林（J. A. Screen）和 I. 西蒙斯（I. Simonds）使用了当时最先进的再分析手段，估算了 1989—2008 年北半球高纬度地区地表温度趋势的季节性变化（Screen & Simonds, 2010）。他们发现，北冰洋近地表的变暖趋势在大多数季节中比较明显，但在夏季要微弱得多。他们认为，变暖具有显著的季节性特征主要是由海冰厚度减少造成的。

2011 年，真锅淑郎等人利用东英吉利大学气候研究部和英国气象局哈得来气候预测与研究中心编制的地表温度历史数据集，评估了过去几十年全球地表温度趋势的季节性变化（Manabe et al., 2011）。他们的分析结果如图 5-10 所示，该图展示了 1991—2009 年纬圈平均的地表温度与 1961—1990 年的气

候态温度之间的差异随纬度和月份的变化情况。1991—2009 年的气温相较
于气候态的偏差可以表征过去半个世纪纬圈平均气温的变化趋势。结果表
明，几乎在所有纬度上和所有季节中，纬圈平均地表温度都有所升高。在北
半球，变暖趋势随着纬度的增高而增大，在一年中的大部分时间里，北冰洋
及其周边地区的变暖趋势尤为显著——但夏季除外，夏季是一年中变暖幅
度最小的季节。从定性的角度看，这一结果与图 5-8 所示的模式结果有很好
的一致性。

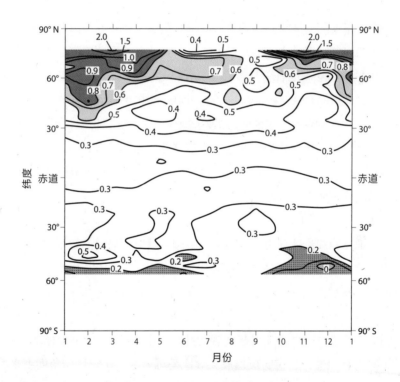

图 5-10　1991—2009 年平均地表气温异常的观测数据

注：异常表示与 1961—1990 年 30 年平均值的偏差。由于数据覆盖率低，
因此没有显示北纬 80° 以北和南纬 60° 以南的极地地区数据。

资料来源：Manabe et al.，2011。

　　与北半球形成鲜明对比的是，极地放大效应在南半球并不明显。虽然由于缺乏南半球冬天的月平均温度数据，在图中没有显示南纬 60° 以南地区的温度异常情况，但在一年中的大部分时间里，南大洋在南纬 55° 附近的温度变化趋势都很小。南大洋没有出现明显变暖的现象主要是由于混合层和深海之间的热量交换较小造成的，但这里所讨论的大气−混合层模式无法模拟出这一过程。我们将在第 8 章用一个大气与海洋耦合的模式，来进一步探讨这个问题。

　　利用卫星上的微波探测仪器对海冰进行遥感，使观测海冰覆盖面积的变化趋势成为可能。图 5-11 显示了 9 月和 3 月北半球海冰覆盖面积随时间的变化（相对气候平均的百分比变化），9 月和 3 月分别是海冰覆盖面积处于最小值和最大值的月份（Perovich et al., 2010）。1979—2009 年间，北冰洋的海冰面积在 9 月份以每十年 8.9% 的速率减少，而在 3 月份以每十年 2.5% 的速率缓慢减少，海冰变化趋势的这一季节性差异与模式得到的结果一致。如图 5-9 所示，9 月份北冰洋海冰南部边缘因二氧化碳浓度增高到 4 倍而向极地退缩的幅度远大于 3 月份。

　　除了地球物理流体动力学实验室，美国航空航天局戈达德太空研究所的汉森等人也开发了类似的大气−混合层海洋模式，即 GISS 模式（Hansen et al., 1983、1984）。

　　GFDL 模式中二氧化碳引起变暖的纬度 / 月份变化与 GISS 模式所得到的结果具有相似性，这说明极地放大效应是可靠的，从定性的角度上来看，这一效应的出现独立于所使用的模式。虽然 GISS 模式和地球物理流体动力学实验室的大气−混合层模式的基本结构相似，但二者之间仍然存在着关键差异。

在地球物理流体动力学实验室模式中，大气二氧化碳浓度增高到 4 倍后，全球平均地表温度随之升高了约 4.1℃。二氧化碳浓度和辐射强迫之间的对数线性关系意味着二氧化碳浓度翻倍时的温度变化将略高于 2℃。相比之下，汉森等人的模式模拟出了在二氧化碳浓度翻倍时升温约为 4℃（Hansen et al., 1984），这表明他们所使用的模式敏感度几乎是地球物理流体动力学实验室模式的 2 倍。两种模式敏感度之间的巨大差异表明气候敏感度仍然存在很大的不确定性，造成这种不确定性的原因将是下一章讨论的主题。

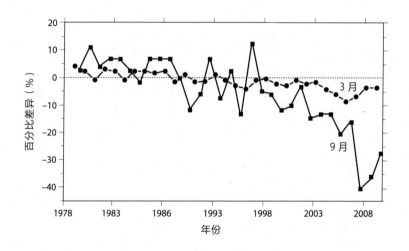

图 5-11　1979—2009 年北冰洋海冰范围与平均值差异的时间序列

注：显示的时间序列为 9 月（海冰覆盖面积最小的月份）和 3 月（海冰覆盖面积最大的月份）。

资料来源：Arndt et al., 2010。

第 6 章

确定气候敏感度：
气候科学最具挑战性的
任务之一

B EYOND

G LOBAL

W ARMING

气候敏感度是指在足够长的时间内，全球平均地表温度对特定热强迫的响应，即达到辐射平衡时的响应。对其进行有效估算是气候科学最具挑战性的任务之一。如前所述，地球物理流体动力学实验室和 NASA/GISS 构建的两个早期气候模式的气候敏感度彼此相差约 2 倍。格雷戈里·弗拉托（Gregory Flato）等人的研究指出，当前气候模式的敏感度仍然存在类似的巨大差异（Flato et al., 2013）。为了减小这种巨大的不确定性，就迫切需要改进和验证模式中控制气候敏感度的辐射反馈过程。在这一章，我们将阐述如何利用各种辐射反馈过程之间的相互作用来确定气候敏感度。我们将从推导一个公式开始，将气候敏感度与总辐射反馈的强度联系起来，后者会引起全球尺度表面温度的扰动。

辐射反馈

地球的辐射热平衡是指入射的太阳辐射与大气层顶的向上辐射保持平衡，该过程可以表示为：

$$I=R \qquad\qquad (6.1)$$

这里的 I 为入射太阳辐射的全球平均值，R 为向上辐射的全球平均值。后者可以进一步表示为以下两部分：

$$R=L+S_r \qquad\qquad (6.2)$$

L 在这里是指向上长波辐射的全球平均值，S_r 是指在大气层顶被反射的太阳辐射的全球平均值。对于能通过热交换作用紧密耦合的地表－大气系统，假设对它持续施加一个定常的、正值的热强迫，那么只要给定足够长的时间，这个系统的温度就会升高，直到大气层顶向上辐射通量增加，与最初的热强迫相等为止，此时地球达到辐射热平衡。该过程可以用以下公式表示：

$$\Delta R = Q \qquad\qquad (6.3)$$

在这里 ΔR 是大气层顶向上辐射通量的变化，Q 是系统的热强迫源。如果 Q 足够小，全球平均地表温度的变化——ΔT_s——也会相对较小。在这种情况下，ΔR 与 ΔT_s 成正比，二者是线性关系，可用如下公式表示：

$$\Delta R = \lambda \cdot \Delta T_s \qquad\qquad (6.4)$$

在这里 λ 为反馈参数，表示全球平均地表温度 T_s 改变 1℃所导致的大气层顶上外辐射通量的全球变化平均值。换句话说，它代表了全球尺度表面温度扰动的辐射阻尼率。可以用 $\lambda = dR/dT_s$ 来表示，也可以用公式（6.2）代入得到：

$$\lambda = \mathrm{d}\ (L + S_r)\ /\mathrm{d}T_S \tag{6.5}$$

将公式（6.3）与公式（6.4）相结合，可得到：

$$\Delta T_S = Q/\lambda \tag{6.6}$$

这个公式表明，气候敏感度与全球尺度表面温度扰动的辐射阻尼率成反比。简单地说，反馈参数越大，气候敏感度就越小。正如我们所定义的那样，反馈参数是衡量净向上辐射对全球平均地表温度依赖度大小的参数。因此，λ 为正值就表明净向上辐射的变化抵消了所施加的热强迫带来的变化。公式（6.6）给出了达到地球辐射热平衡时全球平均地表温度的变化，利用这个公式，我们可以估算全球平均地表温度对辐射强迫的平衡响应。

对于地表-大气系统而言，韦瑟尔德和真锅淑郎（Wetherald & Manabe, 1988）假设它能够在净入射太阳辐射与大气层顶向上长波辐射之间保持能量平衡，由此得到了公式（6.5）和公式（6.6）。然而对于平流层，我们认识到由于它与对流层（即穿过对流层顶）的热交换很少，正如第 3 章中大气一维辐射-对流模式所介绍的那样，平流层基本上处于辐射平衡状态。因此，公式（6.6）不仅适用于地表-大气系统，而且适用于地表-对流层系统。由于地表与对流层通过热交换紧密耦合，因此我们将在后文对后者应用公式（6.6）。这样做相当于暗含一个假设，即对流层顶全球平均地表温度扰动的辐射阻尼率等于大气顶的辐射阻尼率。

在气候动力学领域，大家普遍认为气候敏感度是指大气二氧化碳浓度翻倍后，达到平衡响应时全球平均温度的变化。基于这种认识，提出了平衡态气候敏感度（$\Delta_{2x}T_S$），定义如下：

$$\Delta_{2x}T_S = Q_{2x}/\lambda \qquad\qquad (6.7)$$

在这里 Q_{2x} 是大气二氧化碳浓度翻倍所产生的辐射强迫。需要指出的是，地表-对流层系统的辐射强迫 Q_{2x} 与大气层顶确定的瞬时辐射强迫不同。如图 3-5 所示，当大气二氧化碳浓度翻倍时，平流层冷却，从而减少了来自大气顶的向上长波辐射。由于平流层基本上处于辐射平衡状态，对流层顶的净向上辐射通量也会减少相同的量，从而减少地表-对流层系统的辐射热损失。正是由于这个原因，如果没有平流层的冷却作用，地表-对流层系统的辐射强迫会更大。

如公式（6.7）所示，气候敏感度与作用于全球尺度表面温度扰动的辐射阻尼强度成反比。因此，为了确定气候敏感度，有必要对全球平均地表温度扰动做出响应的辐射反馈强度进行可靠地估算。这一直是气候模式中最难解决的问题之一。在这里，我们将参考许多全球变暖模拟实验和其他研究的信息进行分析，估算辐射反馈强度和气候敏感度。

增益因子

如果地球是一个黑体，那么它会发射长波辐射并改变向上辐射通量，这个过程是气候系统中最基本的反馈过程之一。在理想化的情况下，温度在对流层和地表都会沿着垂直方向均匀变化。因此，反馈导致的大气层顶向上长波辐射变化，符合黑体辐射的斯蒂芬-玻耳兹曼定律，即总辐射输出与行星辐射温度的四次方成正比。这种反馈通常被称为普朗克反馈。

第二类反馈是指全球地表平均温度变化导致的气候系统的其他变化，进而引起大气层顶向上总辐射通量的变化。这种反馈包括绝对湿度、云量、对流层温度垂直廓线变化，以及地表积雪和海冰的变化。这些变化反过来又会影响向上长波辐射或大气层顶反射的太阳辐射。因此这两种类型的反馈共同决定了辐射反馈的总体强度，从而控制了气候敏感度。

由于上述反馈过程可以分解为两类，因此我们可以用以下公式将反馈参数 λ 表示为以下两个方面：

$$\lambda = \lambda_0 + \lambda_F \tag{6.8}$$

这里第一项 λ_0 表示上述定义的普朗克反馈的强度。它可以进一步表示为 $\lambda_0 \approx 4\epsilon\sigma T_s^3$，其中 ϵ 是指行星反照率，σ 是黑体辐射的斯蒂芬－玻耳兹曼常数。这里第二项 λ_F 表示与气候系统的其他变化（参照上一段落所列）相关的第二类反馈的强度之和。

为了表征第二类反馈 λ_F 对整个辐射反馈 λ 的相对贡献，汉森等人（Hansen et al., 1984）引入了一个称为"增益因子"的无量纲参数，定义如下：

$$g = -\lambda_F / \lambda_0 \tag{6.9}$$

使用上述定义的增益因子 g，反馈参数 λ 可以进一步表示为：

$$\lambda = \lambda_0 \cdot (1 - g) \tag{6.10}$$

正如这个公式所示，增益因子是一个无量纲量，它表示第二类反馈削弱普朗克反馈的程度，从而提高气候敏感度。

我们应该注意研究中对正负号的形式约定，当反馈参数 λ 为正值时，表面增温对净向上辐射的响应增大。因此，如果施加一个数值为正的热强迫，全球平均地表温度会随之上升，普朗克反馈将部分抵消该强迫的影响。增益因子 g 与 λ 的符号相反，所以 g 正值表示反馈机制会增强所施加的辐射强迫的效果。气候动力学中常用的正反馈和负反馈分别对应着增益因子的正值和负值。

将（6.10）代入（6.7）中，可以得到如下表达式：

$$\Delta_{2x}T_S = Q_{2x}/[\lambda_0 \cdot (1-g)] \qquad\qquad (6.11)$$

由公式（6.11）可以推断出增益因子如何决定气候敏感度 $\Delta_{2x}T_S$。例如，若增益因子为正且小于 1（这是气候模式中最典型的情况），此时第二类反馈将部分抵消普朗克反馈，削弱了整体的辐射阻尼，从而提高了气候敏感度。事实上，随着增益因子线性地增加到 1，气候敏感度会以更快的速度非线性地增加。如果增益因子等于 1，那第二类反馈正好完全抵消普朗克反馈，从而产生一个没有辐射阻尼的气候系统。在这种情况下，全球平均地表温度将不受限制地自由漂移。如果增益因子大于 1，λ 将为负值，公式（6.11）不再适用。在这种情况下，气候将变得不稳定，"失控的温室效应"将发挥作用。如果意识到气候在过去已经能够稳定很长一段时间，那么我们就不难相信，增益因子小于 1 的辐射阻尼对于保持我们星球的温暖和宜居十分重要。

如果增益因子为零，则只有普朗克反馈在起作用。在这种情况下，气候敏感度可以由 Q_{2x}/λ_0 计算得到，且这个值相对较小。如果增益因子为负，第二类反馈将增强普朗克反馈，使气候敏感度减小。为了便于理解一些估算实际增益因子近似值的范围，我们就以前面几章中介绍的几个模式的增益因子作为例子。

在第 3 章介绍的一维辐射对流模式中, 假设允许绝对湿度对温度变化发生响应, 则气候敏感度为 2.36℃。在绝对湿度固定且无水汽反馈的情况下, 只有普朗克反馈在起作用 (即 $g = 0$), 气候敏感度降为 1.33℃。结合这两个值和公式 (6.11), 我们可以在这种情况下估算模式的增益因子为 0.44。这意味着模式中的水汽反馈抵消了普朗克反馈, 使辐射阻尼减少了 44%。换句话说, 由于第二类反馈的存在, 整体反馈的强度降低为之前的 0.56, 而气候敏感度是仅有普朗克反馈存在时 (1.33℃) 的 1.77 倍 (即 1/0.56)。

在第 5 章的二氧化碳倍增实验中, 我们曾阐述了使用理想大气环流模式也可以进行类似的分析。该模式中, 第二类反馈不仅包括水汽反馈, 还包括反照率和温度递减率反馈, 其中后者在这个模式中的值要比前者小得多。这个模式的气候敏感度为 2.93℃, 大大高于一维辐射-对流模式 2.36℃的气候敏感度。鉴于在没有这些反馈而只有普朗克反馈 (即 $g = 0$) 的情况下, 该模式的气候敏感度为 1.33℃, 因此可以根据公式 (6.11) 估算其增益因子。由此得到的估算值为 0.55, 大于 0.44 (即一维辐射-对流模式的增益因子)。这两种增益因子之间的差异主要归因于大气环流模式中的反照率反馈, 温度递减率反馈虽然也有贡献, 但影响相对较小。

在这两组模式中, 第二类反馈的综合效应抵消了普朗克反馈。因此, 它降低了整体反馈的强度, 大大增加了模式的气候敏感度。在下一节中, 我们将介绍各种第二类反馈过程的相互作用, 以及其对气候敏感度的影响。

首先, 我们将建立各种第二类反馈增益因子与气候敏感度之间的关系。正如公式 (6.8) 所示, 反馈参数 λ 可以表示为普朗克反馈 λ_0 和 λ_F 的总和, 而在韦瑟尔德和真锅淑郎的研究中 (Wetherald & Manabe, 1988), λ_F 可以进一步表示为各种第二类反馈的贡献之和, 如下所示:

$$\lambda_F = \lambda_\Gamma + \lambda_w + \lambda_c + \lambda_a \qquad (6.12)$$

λ_Γ、λ_w、λ_c 和 λ_a 分别表示全球平均地表温度发生单位变化（1℃）时，由对流层的温度垂直递减率（Γ）、水汽（w）、云（c）以及地表反照率（a）的变化导致的大气层顶向上辐射通量的变化量。尽管还有其他第二类反馈，但其贡献相对较小，所以这里没有涵盖在内。将公式两边除以 λ_0（即普朗克反馈的强度），就可以把总的增益因子表示为各种第二类反馈相关的增益因子之和：

$$g = g_\Gamma + g_w + g_c + g_a \qquad (6.13)$$

即：

$$\begin{pmatrix} g_\Gamma \\ g_w \\ g_c \\ g_a \end{pmatrix} = -\frac{1}{\lambda_0} \begin{pmatrix} \lambda_\Gamma \\ \lambda_w \\ \lambda_c \\ \lambda_a \end{pmatrix} \qquad (6.14)$$

将公式（6.13）代入公式（6.11），可以得到如下等式，它表明了气候敏感度 $\Delta_{2x}T_S$ 与递减率反馈、水汽反馈、云反馈、反照率反馈等单个反馈过程的增益因子之间的关系。

$$\Delta_{2x}T_S = Q_{2x} / \{\lambda_0 \cdot [1 - (g_\Gamma + g_w + g_c + g_a)]\} \qquad (6.15)$$

第二类反馈

利用上节得到的公式，我们将描述各种第二类反馈如何相互作用，进而阐述它们如何影响气候敏感度。

递减率反馈

当地表的温度由于正的热强迫作用而升高时，热量会通过深对流和大尺度环流进行垂直输送，使对流层的温度随之升高。增温的幅度通常随高度变化，这会改变温度的垂直递减率。例如，在第 5 章介绍的三维模式中，随着全球整体变暖，低纬度地区的气候是深层湿对流占主导，所以该地区的温度垂直递减率降低；而在高纬度地区，由于近地表增温最强烈，所以该地区温度垂直递减率增加。因此，当对整个模式区域做平均时，递减率几乎没有变化。

我们应考虑这样一种情况，即辐射强迫使对流层随高度增加而变暖（即递减率降低），与之前讨论的模式在低纬度响应的情况一样。在这种情况下，与存在相同表面增暖但垂直温度均匀变化的情形相比，大气层顶向上长波辐射通量的增量将更大。因此，递减率的降低会增加公式（6.5）所定义的辐射阻尼率，而根据公式（6.7），气候敏感度会降低。同理可得，如果热响应是随高度降低而变暖（即递减率增加），则大气层顶的向上长波辐射通量的增加将小于整个对流层和地表同步增暖时的情况。因此，递减率的增加减少了辐射阻尼，从而使气候敏感度增加。在后面的章节，我们将把对流层温度垂直递减率变化的反馈过程称为"递减率反馈"。

水汽反馈

水汽源于地表蒸发，并通过降水形式降落，它在对流层停留的时间很短，大约只有几周。当一个气团在大气中向上移动时，压力随着高度的增高而减小，气团由于绝热膨胀而冷却。最终，气团中的水汽凝结，产生降水。相反，向下移动的气团由于绝热压缩而变暖，相对湿度降低。简而言之，对流层中相对湿度的分布在很大程度上受空气垂直运动的影响。只要全球变暖的幅度不大，大气基本环流的变化就很小，同时相对湿度的分布

101

也不会有明显变化（例子参见 Held & Soden, 2000）。在相对湿度变化不大的情况下，空气的绝对湿度会随着对流层温度的升高而增加，从而增强其红外不透明度。

对流层红外不透明度的增强会影响到大气层顶向上的长波辐射。正如第1章讨论的温室气体对长波辐射的影响，大气层顶向上长波辐射通量的有效发射中心的海拔高度会增高。由于对流层温度随高度增高而降低，有效发射中心高度增高就导致来自大气层顶的向上长波辐射减少，这种响应过程如图6-1所示。

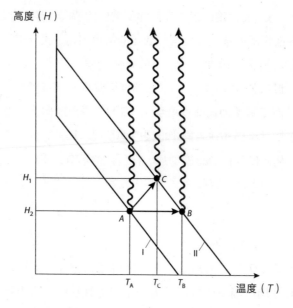

图 6-1　水汽反馈使地球向上长波辐射的有效发射中心上移

注：斜线 I 和斜线 II 分别表示增温前后对流层的垂直温度廓线（垂直线段表示低层平流层几乎等温的垂直温度廓线）。斜线上的黑点 A、B、C 表示从大气层顶向上长波辐射的有效发射中心。

图 6-1 中粗实线 I 表明，在对流层中温度的垂直廓线随着高度增高几乎在线性下降，而在其上方的平流层低层几乎处于等温的状态。I 线上的黑点 A 表示到达大气层顶的向上长波辐射通量的有效发射中心。假设对流层温度从 I 增加到 II 但递减率不变，一方面，此时如果没有水汽反馈，则绝对湿度不会改变，从而使对流层的红外不透明度保持不变。在这种情况下，向上长波辐射的有效发射中心 B 将保持在同一高度 H_2，但是温度从 T_A 升高到 T_B。另一方面，如果水汽反馈发挥作用，则对流层红外不透明度会增加，如图所示，向上长波辐射的有效发射中心 C 将从 H_2 上升到 H_1，温度则从 T_A 升高到 T_C。

通过这种方式，水汽反馈会减小辐射温度变化的幅度，从而响应特定表面温度的变化。换句话说，水汽反馈减小了作用于表面温度扰动的长波反馈强度，如公式（6.7）所定义的那样提高了气候敏感度。关于水汽反馈在气候敏感度和气候变率中作用的进一步讨论，详见 A. 霍尔（A. Hall）和真锅淑郎（Hall & Manabe, 1999）的相关研究。

如上所述，水汽除了吸收和发射长波辐射，还吸收太阳光谱中 $0.8 \sim 4\mu m$ 近红外部分的入射和被反射的太阳辐射（见图 1-6d）。如果地表-对流层系统的温度升高，绝对湿度将会以上述方式增加，从而增强对太阳辐射的吸收。因此，大气层顶被反射的太阳辐射的向上通量会随表面温度的升高而减小。

简而言之，水汽反馈的短波分量也有助于降低作用于表面温度扰动的总体反馈强度，从而提高气候敏感度。例如，根据韦瑟尔德和真锅淑郎（Wetherald & Manabe, 1988）的研究，增强的幅度约为长波分量的 1/5，并且作用相对较小。

反照率反馈

积雪和海冰反射了大部分到达地表的太阳辐射。当地表温度升高时，被雪和海冰覆盖的面积通常会减少，从而降低全球地表反照率。因此，大气层顶处被反射的太阳辐射通量通常随着表面温度的升高而减少，这削弱了作用于全球平均地表温度扰动的辐射阻尼的整体强度。总之，当与积雪和海冰的反照率反馈相关的增益因子为正时，气候敏感度就会提高。

积雪和海冰的反照率反馈通常作用在一个相对较短的时间尺度上。而在一段较长的时间内，从一年到下一年的积雪覆盖有可能积聚并最终变成一个大陆冰盖。因此一个包含大陆冰盖、雪和海冰反照率反馈的模式，对于研究冰期和间冰期之间的转变非常重要，正是这一转变主要影响了过去几百万年中的气候。J. 威特曼（J. Weertman）、D. 波拉德（D. Pollard）、A. 伯格尔（A. Berger）以及 G. 德布隆德（G. Deblonde）和 W. R. 佩尔蒂埃（W. R. Peltier）都曾在这方面进行了初步的尝试。尽管这些研究使用相对简单的能量平衡气候模式，但在探索冰期-间冰期气候转变中，冰盖反照率反馈的作用方面非常成功。在不断进步的计算机技术的帮助下，使用精准包含大陆冰盖动力学和热力学的大气-海洋-冰雪圈耦合的大气环流模式系统，让研究冰期-间冰期在气候上的转变成为可能（例如 Gregory et al., 2012）。

云反馈

云由无数大小不一的水滴或冰晶组成。当光线从空气传到水中或从水中传回空气时，它在穿过两种介质的界面时会改变方向，这个过程被称为折射。当光线穿过水滴时它会被折射两次，一次是进入水滴时，另一次是离开水滴时，这就是光线被云滴散射的过程。如果光线与云滴反复接触则可以被完全扭转方向。因此，云反射了相当大一部分入射的太阳辐射，对地球的热量收支产生冷却作用。因为冰面也有很大的反射率，所以冰云有类似的效果。

尽管水对太阳辐射的可见光部分几乎是透明的，但它对长波辐射的吸收能力非常强，冰面也是如此。这就是为什么大多数云（薄云除外）几乎像黑体一样，按照基尔霍夫定律能够完全吸收长波辐射，再将其发射出来。例如，云吸收了几乎所有来自下方的向上长波辐射，而它们几乎像黑体一样向上发射辐射通量。由于云下层和地表的温度通常高于云顶的温度，云底的向上长波辐射通量通常大于云顶。因此，大气层顶的向上长波辐射通量在有云时通常比没有云时小。简而言之，在地表发出的长波辐射到达大气层顶之前，云就捕获了相当一部分的向上通量，从而对地球的热量收支产生温室效应。

E. F. 哈里森等人（E. F. Harrison）通过卫星对有云天空和晴朗天空条件下大气层顶的向上长波辐射通量和被反射的太阳辐射通量进行测量，估算了云层对地球辐射收支的影响。根据他们的估算，一方面，云反射入射的太阳辐射造成的热量损失约为 48W/m^2，这大约是大气层顶处被反射的总太阳辐射通量 102W/m^2 的 47%。另一方面，地球由于云的温室效应而获得的热量约为 31W/m^2，约为大气总温室效应（151W/m^2）的 20%。这两种相反的效应造成的净热损失为 17W/m^2，是大气中二氧化碳浓度翻倍所产生的热强迫（约 4W/m^2）的 4 倍多。这意味着，如果云的属性没有发生其他变化，那么总云量增加 25% 就足以抵消二氧化碳浓度翻倍造成的变暖。这也意味着，总云量减少 25% 可以使变暖的幅度增加约 2 倍（关于这个问题的进一步讨论，请参见 Ramanathan & Coakley, 1978）。

大气层顶处的向上辐射不仅取决于云的分布，还取决于云的微观物理性质，如云滴的大小、数量和密度。R. C. J. 萨默维尔（R. C. J. Somerville）和 L. A. 雷默（L. A. Remer）推测，由于全球变暖，云的微观物理性质可能会随着大气温度的升高而改变。而 E. M. 费格尔森（E. M. Feigelson）基于苏联 2 万次的观测数据的研究，提出随着温度升高，空气饱和水汽压增加，从而可能使层状云的液态水含量增加。因为液态水含量较高的云在相同厚度下会有较大的光学厚度数值，所以它们会反射更多的太阳辐射。因此，大气层顶被反射的太阳辐射通量可能会随着温度的升高而增加，增强表面温度扰动的辐射阻尼，从而降低气候敏感度。

更多近期的观测研究发现，随着温度升高，热带地区的低云对太阳辐射的反射减少，尽管这种影响会在一定程度上被此类云层对逆温层强度变化的响应抵消（Klein et al., 2017）。因此，在真实气候系统中，云反馈的标志和大小都存在更多的不确定性。尽管如此，这些研究强调了一种可能性，即云的微观物理特性可能随着全球变暖导致的温度上升而发生系统性变化，从而影响辐射反馈的强度，进而影响气候敏感度。

三维模式的反馈

本节将对一些已建立的三维气候模式中的辐射反馈过程进行定量分析，我们从汉森等人对辐射反馈做的开创性研究出发（Hansen et al., 1984）。他们在戈达德太空研究所构建了大气–混合层海洋模式。通过引入本章前面描述的无量纲增益因子，他们定量地评估了各种辐射反馈过程对气候敏感度的相对贡献。

他们在研究中使用的模式是将大气环流模式与混合层海洋和大陆表面的热平衡模式结合起来构建的。这个模式与第 5 章介绍的真锅淑郎和斯托弗（Manabe & Stouffer, 1979、1980）在地球物理流体动力学实验室发展的二氧化碳四倍浓度实验的模式大体相似。但是，这两种模式在几个重要的方面有所不同。在 GFDL 模式的早期版本中，云的分布是固定的，但在 GISS 模式中是需要计算的，这意味着云反馈会对模式产生动态影响。另一个非常重要的区别是汉森等人采用了被称为"Q 通量"的技术（Hansen et al., 1983、

1984）。GFDL 模式假设，混合层与海洋深层（次表层）之间不存在热交换，而在 GISS 模式中，则设定了一个恒定的热通量并将其应用于混合层，这使对照实验中海表温度的地理分布更加真实。在二氧化碳浓度翻倍实验中也采用了同样的热通量，这里隐含了一个假设，即尽管二氧化碳浓度翻倍，但海洋热传输以及模式的其他系统偏差仍保持不变。由于积雪和海冰反照率反馈的强度在很大程度上取决于地表的温度分布，所以 GISS 模式非常适合于气候敏感度的研究。

基于 GISS 模式，科学家对两种不同二氧化碳浓度（315ppmv 和 630ppmv）在足够长的时间内进行了数值时间积分，以获得达到准平衡状态的结果。根据由此得到的两种状态的差异，汉森等人估算了温度对大气中二氧化碳浓度翻倍时的平衡响应。他们发现，地表的全球平均温度在二氧化碳浓度翻倍的情况下增加了 4.2℃。假设对流层-地表系统（Q_{2x}）的热强迫约为 4W/m²，普朗克反馈强度（λ_0）为 3.21W/m²，利用公式（6.11）可估算该模式的增益因子为 0.70。这意味着第二类反馈的综合效应抵消了普朗克反馈，使整体辐射阻尼的强度降低了 70%，只剩下 30%。换句话说，GISS 模式的气候敏感度是只有普朗克反馈模式的 3.3（1/0.3）倍。

总增益因子可以表示为第二类反馈的增益因子之和，如公式（6.13）所示。利用二氧化碳浓度翻倍实验的输出结果，科学家计算了绝对湿度、云量、对流层温度垂直递减率和地表反照率在全球的平均变化。将这些变化逐一组合代入辐射-对流平衡的一维模式，就得到了全球平均温度的变化。通过由此得到的数据，他们粗略地估算了各种第二类反馈的增益因子，如表 6-1 第一列所示。

水汽反馈和递减率反馈的增益因子既可以单独列出，也可以合并列出（g_w+g_r）。之所以提出综合反馈，是因为对流层温度垂直梯度的变化通常会引起绝对湿度的变化，从而导致大气层顶处的长波辐射通量变化，这部分抵消了绝对湿度引起的变化。由于这两种反馈之间存在的部分补偿，水汽–递减率综合反馈的增益因子远小于单独的水汽反馈。鉴于这两种反馈在模式中密切相互作用，汉森等人将它们合并成一个单独的类别，称之为"水汽–递减率综合反馈"。

表 6-1　平均总增益因子和各种第二类反馈的增益因子

各类增益因子	Hansen et al.,1984	Colman,2003	Soden & Held,2006
g_w [1]	0.57	0.53 ± 0.12	0.56 ± 0.06
g_r [2]	−0.17	−0.10 ± 0.12	−0.26 ± 0.08
$g_w + g_r$ [3]	0.40	0.43 ± 0.06	0.30 ± 0.03
g_c [4]	0.22	0.17 ± 0.10	0.21 ± 0.11
g_a [5]	0.09	0.09 ± 0.04	0.08 ± 0.02
g [6]	0.71	0.69 ± 0.08	0.59 ± 0.12

注：标准差（带 ± 符号的数字）将被加到平均增益因子上，作为衡量各气候模式间差异的指标。这里列出的每一个增益因子都是基于公式（6.14）计算出来的。用于计算的 λ_0 为 3.21 W/m^2，即 AR4 模式的平均值（为 IPCC 第四次评估报告中所用的 19 个模式的结果，也是这里分析的结果）。

[1] g_w，水汽反馈的增益因子；

[2] g_Γ，递减率反馈的增益因子；

[3] $g_w + g_\Gamma$，水汽 – 递减率综合反馈增益因子；

[4] g_c，云反馈的增益因子；

[5] g_a，反照率反馈的增益因子；

[6] g，总反馈的增益因子，即第二类反馈的增益因子之和。

GISS 模式的水汽–递减率综合反馈的增益因子为 0.40，大于云反馈和反照率反馈的增益因子。它虽然较小，但与第 3 章介绍的辐射–对流模式中水汽反馈的增益因子 0.44 相当，该模式没有其他第二类反馈。云反馈的增益因子为 0.22，虽然它比水汽－递减率综合反馈小，但它是反照率反馈的增益因子 0.09 的两倍多。将这些增益因子相加，可得出第二类反馈的总增益为 0.71。将该值代入公式（6.15），就可估算出 GISS 模式的气候敏感度为 4.3℃，与实际气候敏感度非常接近，这表明一维模式是一种估算第二类反馈的合理方法。

图 6-2 阐述了当第二类反馈的每个增益因子都根据公式（6.15）被逐一加入模式时，气候敏感度是如何加速增加的。例如，如果只有普朗克反馈在起作用，则气候敏感度是 1.25℃。而随着水汽－递减率综合反馈加入，气候敏感度则从 1.25℃增加到 2.1℃，伴随着增益因子从 0 增加到 0.40。随着反照率反馈的加入，气候敏感度从 2.1℃增加到 2.45℃，伴随着增益因子从 0.4 增加到 0.49。最后，当云反馈加入后，气候敏感度从 2.45℃增加到 4.3℃，伴随着增益因子从 0.49 增加到 0.71。

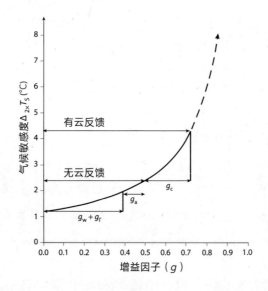

图 6-2　增益因子（g）与气候敏感度（$\Delta_{2x}T_S$）的关系

注：根据公式（6.15）所呈现的，随着每个增益因子的加入，气候敏感度快速增加。

我们应该注意到，随着公式（6.11）中分母的增益因子接近 1，气候敏感度会非线性地增加，从而降低了整体辐射阻尼的强度。因此，各种第二类反馈对气候敏感度的贡献不仅取决于其增益因子的符号和大小，还取决于其加入模式的顺序。尽管如此，上文结果表明，有云反馈的 GISS 模式的气候敏感度（4.3℃）大大高于没有云反馈的模式结果（2.45℃）。

汉森等人通过分析二氧化碳浓度翻倍实验的结果发现，云的正反馈效应可归因于云对全球变暖的两方面响应。第一个方面是总云量减少。如前所述，云有两种相反的作用，一是它反射入射太阳辐射，从而增加大气层顶向上反射的太阳辐射通量；二是它通过产生温室效应，减少了大气层顶向上长波辐射通量。由于前者的效应通常大于后者，所以总云量减少通常导致大气层顶总向上辐射通量减少。云响应的第二个方面是云顶高度增高，这有助于产生正反馈效应。由于对流层温度随高度增高而降低，而来自云顶的长波辐射是在较低的温度下发出的，故云顶高度的增高也会减少大气层顶的向上辐射通量。综上所述，大气层顶的总向上辐射通量减小不仅是因为总云量减少，还因为云顶高度增高。这就解释了在 GISS 模式中正的云反馈提高了气候敏感度。

在研究上述 GISS 模式的同一时期，韦瑟尔德和真锅淑郎（Wetherald & Manabe, 1980、1986、1988）在地球物理流体动力学实验室开发的两个不同的模式也对云反馈进行了研究。为了解这两种模式中云响应的异同，我们分析了其中一个 GFDL 模式的云反馈，并将其与 GISS 模式比较（Wetherald & Manabe, 1988）。

通过修改和调整第 5 章中介绍的真锅淑郎和斯托弗（Manabe & Stouffer, 1979、1980）的大气-混合层海洋模式，构建了本研究所使用的 GFDL 模式。在原始版本中云的分布被假设为固定且在整个时间积分过程中保持不变，而在修改后的模式中，云的分布需要通过计算得到。云被放置在相对湿度超过特定临界百分比的每个网格点上。使用这个模式，韦瑟尔德和真锅淑郎得到了大气二氧化碳标准浓度和两倍浓度的两种准平衡状态。根据这两种状态之间的差异，他们确定了云的分布如何在大气二氧化碳浓度翻倍的情况下发生变化，从而改变大气层顶向上长波辐射通量和被反射的太阳辐射的向上通量。

图 6-3a 展示了从大气二氧化碳标准浓度对照实验中获得的年平均纬圈平均云量分布。一方面，在对流层顶（粗虚线所示）以上的平流层中，模拟的云量很小。另一方面，在对流层的上层云量相对较大，这是在实际大气中经常观察到的高云。在距地表仅几百米高的薄层中云量也相对较大，那里经常出现层状云。在对流层高层和低层云量较多的薄层之间，还存在着一个厚层，它位于对流层中低层 700hPa 左右的位置，其云量相对较少。

仔细观察可以发现，对流层上层的高云云量在靠近热带辐合带的热带地区和 40° 到 70° 之间的纬带达到最大值，这是中纬度风暴轴所在的位置。在这些区域，潮湿的空气经常被向上输送，直达对流层上层，在那里再水平扩散，从而持续形成一层较厚的高云。

相比之下，对流层中层的云量较少，此外垂直速度变化大，且纬圈平均的相对湿度随着下沉空气的绝热压缩而降低。在紧邻地表的大气边界层中，相对湿度很高且云量较大，水汽通过下垫面的蒸发不断补充，并在湿对流的调节作用（见第 4 章）下，将热量从边界层转移到模式的对流层中上层，空气通常会变冷。

令人欣喜的是，尽管模式使用的参数化方案很简单，但其模拟的年云量与 NASA 的云-气溶胶激光雷达和红外探路者卫星观测（CALIPSO）获得的云量出现概率相似。

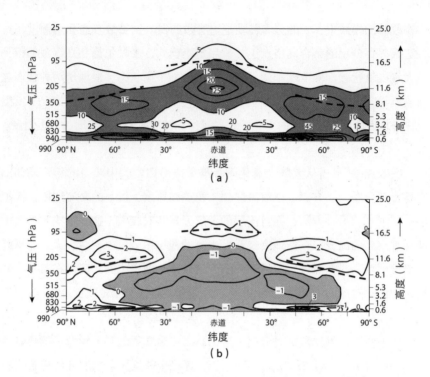

图6-3　在大气二氧化碳标准浓度和两倍浓度下云量变化

注：粗虚线表示对流层顶的大体高度。图中右侧表示模式的有限差分层的大致高度（km）。图（a），基于对照实验（$1 \times CO_2$）得到的年平均纬圈平均云量（%）的纬度-高度（气压）剖面图。图（b），从对照实验（$1 \times CO_2$）到二氧化碳浓度翻倍实验（$2 \times CO_2$）的年平均纬圈平均云量（%）的变化。

资料来源：Wetherald & Manabe，1988。

　　在这个版本的 GFDL 模式中，云仅被放置在相对湿度超过某个临界值（99%）的网格点上，否则认为这个网格点是无云的。换句话说，云的三维分布完全基于每个网格点的相对湿度。尽管这种云量预测方案非常简单，但令人惊讶的是，模拟的高云量和低云量的分布均与 CALIPSO 得到的结果相似（见图 6-4）。这种相似性表明，云的分布在很大程度上受大气中大尺度环流影响，而并非依赖于云层形成、维持和消失的微观物理性质。

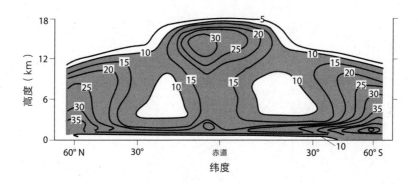

图 6-4 年纬圈平均云量（%）的纬度–高度剖面图

资料来源：Boucher et al.，2013。

图 6-3b 展示了在大气二氧化碳浓度翻倍的情况下，模拟出的纬圈平均云量的变化。与图 6-3a 相比，对照实验中高云层上层部分云量增加，而下层部分云量减小，这意味着高云在中低纬度地区上移。这种上移在图 6-5 中也很明显，该图显示了在对照实验和二氧化碳浓度翻倍实验中得到的北纬31°纬圈平均云量的垂直廓线。正如本章前面指出的，高云向上移动减少了大气层顶处的向上长波辐射通量，因此这有助于减弱整体辐射阻尼，从而提高气候敏感度。

图 6-3b 所示的纬圈平均云量变化也有一个特点，即在大部分自由大气中，低纬度的云量减少，而在中高纬度趋于增加。此外，在大气边界层中，低云在大多数纬度带呈现增加的特征，特别是在中高纬度地区。作为对这些变化的响应，大气层顶处被反射的向上太阳辐射通量在赤道至 40° 纬度的区间减少，而在高于 40° 纬度的区间增加。由于前者的云面积远大于后者，所以大

气层顶处被反射的太阳辐射的全球平均通量随着纬圈平均云量的减少而减小，如图6-3b所示。因此，它也减弱了整体的辐射阻尼，从而提高了气候敏感度。

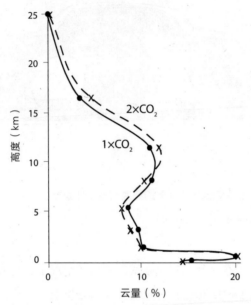

图 6-5　两次实验中得到的北纬 30° 纬圈平均云量的垂直分布

　　如上所述，模拟的云的分布发生了系统性的变化，不仅减少了大气层顶处向上长波辐射的全球平均通量，而且减少了大气层顶处被反射的太阳辐射的通量。因此，云反馈被认为是正的增益因子，会提高气候敏感度。在GFDL 模式中，根据云量及其分布变化导致的大气层顶向上长波辐射通量和反射短波辐射通量的变化，估算出了云反馈的增益因子。由此得到的云反馈的长波和短波增益因子数值较小，分别为 0.04 和 0.08。将这两个增益因子相加，得到 GFDL 模式中云反馈的总增益因子的值为 0.12。虽然这个增益因子为正，且与 GISS 模式的定性结果一致，但是它的大小只有 GISS 模式得到的增益因子 0.22 的一半。如果 GISS 模式与 GFDL 模式具有相同的云反馈增益因子，则 GISS 模式的总反馈增益因子为 0.60，气候敏感度为 3.1℃。这比它的实际气候敏感度 4.2℃要小得多。所以，造成这两种模式的云反馈强度差距显著的原因值得我们探究。

比较 GISS 模式和 GFDL 模式得到的纬圈平均云量的变化，我们可以发现许多共同的特征。例如，两种模式的云顶高度都在增高。在这两组模式中，自由大气中的云量在低纬度和中纬度都减少，在高纬度增加，但是 GISS 模式中云量减少的程度要比 GFDL 模式的大。特别值得注意的是，在 GFDL 模式中，中高纬度的低云量增加，这一点在南半球尤其明显。尽管在两个半球高纬度地区对流层低层的总云量都增加了，但与 GFDL 模式类似的低云量变化在 GISS 模式中并不明显。从全球平均数据来看，云量在 GISS 模式中减少，而在 GFDL 模式中几乎没有变化。这可能是 GISS 模式中的云反馈增益因子比 GFDL 模式的大得多的一个重要原因。

在 GISS 和 GFDL 两种模式中，云的反馈都涉及云分布的变化，而云的分布完全取决于相对湿度的分布。在两组模式使用的简单参数化方案中，云反馈不涉及云的光学特性变化。尽管两组模式对云的处理有相似性，但 GISS 模式中云反馈的增益因子几乎是 GFDL 模式的两倍大。这表明，当前气候模式在云反馈强度方面有很大的差异，这在很大程度上可归因于与全球变暖相关的云分布变化。例如，布莱恩·索登（Brian Soden）和加布里埃尔·维奇（Gabriel Vecchi）发现，各模式间云反馈强度的变化主要取决于低云量的变化，而非取决于低云的光学特性（Soden & Vecchi, 2011）。

科尔曼（Colman, 2003）、索登和赫尔德（Soden & Held, 2006）对当时的气候模式中的辐射反馈强度进行了综合分析。他们的分析对于评估这些反馈强度的不确定性和气候敏感度非常有用。罗伯特·科尔曼（Robert Colman）估算了在 20 世纪末之前构建的 10 个模式中的平均反馈参数，这些模式（我们称之为"早期模式")不仅包括上述 GISS 模式和 GFDL 模式，还包括其他模式，这些模式的云光学特征由云微物理参数决定。利用公式（6.14）可以将科尔曼得到的反馈参数转换为增益因子，表 6-1 给出了由此获得的平均增益因子以及汉森等人得出的增益因子（Hansen et al., 1984）。索登和赫尔德还估算了 IPCC 第四次评估报告中使用的 19 个模式（以下简称 AR4 模式）的反馈参数（Soden & Held, 2006）。这些反馈参数也都被转换成增益因子并被列在表 6-1 中。参考该表，我们将回顾过去几十年间建立的诸多气候模式的增益因子。

早期模式的水汽－递减率综合反馈的平均增益因子为 0.43，AR4 模式的平均增益因子为 0.30。这两个增益因子的差异可主要归因于递减率反馈的平均增益因子差异。如表 6-1 所示，早期模式的水汽反馈平均增益因子为 0.53，与 AR4 模式相应的增益因子 0.56 相似。然而，早期模式的递减率反馈平均增益因子为 –0.10，与 AR4 模式的增益因子 –0.26 相差 2 倍以上。两组模式之间平均递减率反馈的巨大差异表明，在早期模式中全球平均地表温度每增加一个单位所减少的垂直温度梯度比大多数 AR4 模式中的要小。

S. 波–契德利（S. Po-Chedley）和付强（Fu, 2011; Po-Chedley & Fu, 2012）等人观测研究了对流层垂直递减率的近期变化趋势。他们利用一系列卫星上的微波探测器对大气温度进行反演，估算了热带地区垂直温度梯度的变化趋势。他们的分析表明，大多数 AR4 模式过高预估了过去几十年来低纬度地区对流层上层的静力稳定度增长。这意味着在大多数 AR4 模式中，递减率反馈的增益因子可能过大了。如前所述，虽然递减率反馈的增益因子部分补偿了水汽反馈的增益因子，但水汽–递减率反馈的平均增益因子可能远超 AR4 模式的平均值 0.3。

控制垂直温度梯度最重要的因素之一是深厚湿对流。两组模式间递减率反馈平均增益因子差异较大，意味着两组模式的深厚湿对流参数化存在显著差异。湿对流不仅会影响温度的垂直分布，还会影响相对湿度和云量的垂直分布。因此，它也会在很大程度上影响水汽反馈、云反馈，以及递减率反馈的强度。为了可靠地确定气候敏感度，需要开展大量工作来改进和验证湿对流的参数化。

早期模式的云反馈平均增益因子为 0.17 ± 0.10，与 AR4 模式的值 0.21 ± 0.11 相似。这些增益因子的标准差足够大，以至于其范围能够包括从 GISS 模式（0.22）和 GFDL 模式（0.11）中获得的结果。这种较大的标准差表明模式之间存在较大的差异。几十年前，罗伯特·塞斯（Robert Cess）等人对模式的反馈进行了比较，也得出了类似的结论（Cess et al., 1990）。为了减少云反馈增益因子较大的不确定性，我们可以利用卫星观测大气层顶处的向上辐射通量的变化来验证模拟的云反馈过程。

反照率反馈的平均增益因子相对较小，因而在这些模式中相对一致。科尔曼得到的早期模式平均增益因子为 0.09 ± 0.04，与汉森等人（Hansen et al., 1984）得到的 0.09 非常吻合。索登和赫尔德（Soden and Held, 2006）以及 M. 温顿（M. Winton）也分别从略有不同的 AR4 模式子集中获得了类似的反照率反馈平均增益因子，其值分别为 0.08 ± 0.02 和 0.09 ± 0.03。

将单个反馈的平均增益因子相加，可以得到整个辐射反馈的平均增益因子。早期模式的平均增益因子为 0.69 ± 0.08，AR4 模式的平均增益因子为 0.59 ± 0.12。根据这些数值，我们可以用公式（6.11）估算这两组模式的气候敏感度。早期模式的平均值为 3.8℃，AR4 模式的平均值为 3.0℃。通过整体增益因子较大的标准差可以看出，两组模式的气候敏感度差异很大。如果增益因子满足正态分布（见图 6-2），那只有 2/3 的早期模式和 AR4 模式的气候敏感度在 3.2～5.4℃ 和 2.4～4.3℃ 的区间，其余的则位于这些范围之外。

由于气候模式的气候敏感度差异较大，仅仅根据数值实验的结果难以估算，为此我们还应通过其他独立的信息来估算。例如，汤姆·威格利（Tom Wigley）等人根据大火山爆发后即时观测到的全球平均地表温度的时间变化估算了气候敏感度（Wigley et al., 2005）。正如我们所知，火山爆发可以释放大量的二氧化硫，它们可转化为硫酸盐气溶胶，在地表产生短暂的全球平均冷却效应。他们使用气候敏感度范围较大的简单能量平衡模式，进行了一组数值实验，发现用气候敏感度约为 3℃ 的模式可以对火山短暂的冷却现象做最佳模拟。另一个可能有效地估算气候敏感度的方法是使用地质历史数据。研究人员曾多次尝试使用已知气候敏感度的气候模式来模拟冰期-间冰期海洋表面温度的差异，将模拟的差异与古气候数据重建的实际差异进行比较，就可以估算出气候敏感度。我们将在下一章中介绍这种研究的例子。

未来，我们非常有必要继续对大气层顶处的向上长波辐射通量和被反射的太阳辐射通量进行卫星观测，不仅要观测有云天，还应观测晴空，并且观测时间至少要跨越几十年（Barkstrom, 1984; Loeb et al., 2009; Wielicki et al., 1996）。利用对大气层顶处的全球平均通量和全球平均地表温度的长期观测，可以估算出云天和晴空条件下辐射反馈的增益因子，以及云辐射强迫的增益因子（Forster & Gregory, 2006）。将由此获得的增益因子与从气候模式中获得的增益因子比较，就可以确定模式辐射反馈相对于观测的所有系统性偏差。这种通过比较所得的结果对于验证和改进模式非常有用，这样科学家就能更好地预测全球气候变化。

皮尔斯·福斯特（Piers Forster）和乔纳森·格雷戈里（Jonathan Gregory）分析了大气层顶的长波和太阳辐射的全球平均通量（Forster & Gregory, 2006）。由于这些通量的卫星观测时间很短，阿南德·伊纳姆达尔（Anand

Inamdar）和拉马纳坦（Inamdar & Ramanathan, 1998）以及对马洋子和真锅淑郎（Tsushima & Manabe, 2001, 2013）仅研究了通量的年际变化，而没有研究它们的长期变化。尽管如此，这些研究仍然强调了大气层顶处辐射通量的长期卫星监测对于研究气候敏感度的价值。

第 7 章

冰期 – 间冰期差异：
最有希望的一条研究路径是跨领域合作

B EYOND

G LOBAL

W ARMING

20 世纪 70 年代初，地球物理流体动力学实验室举行了一次会议，会议探讨了气候模式专家和古气候学家之间合作的可能。当时，一批地球科学家开展了一项雄心勃勃的项目，以重建发生在约 21 000 年前末次盛冰期（LGM）的地表状态。在会议上，作为该项目的领导者之一，布朗大学的约翰·英布里（John Imbrie）说服了真锅淑郎，使他相信重建过去的地质气候将是气候建模者最有希望的研究途径之一。他们的谈话开启了一个长期的研究项目，该项目在真锅淑郎的研究生涯中持续了很长时间。20 世纪 80 年代初，布罗科利在罗格斯大学完成研究生学业后，加入了真锅淑郎的工作组并开始做一些冰川气候的模式研究，本章将对此进行介绍。

在分析海洋和湖泊沉积物、冰芯中捕获的气泡和其他地质特征的基础上，古气候学家和古海洋学家付出了大量的努力来重建末次盛冰期的海洋、陆地表面和大气状态。鉴于在冰期-间冰期地表温度、大陆冰盖和温室气体浓度的差异，科学家尝试使用气候模式来估算气候敏感度。在本章中，我们将为大家阐述其中的一些尝试性工作，并寻找最有可能为真的气候敏感度值。

地质学特征

20 世纪 70 年代初，英布里和尼尔瓦·基普（Nilua G. Kipp）发表的一项研究为末次盛冰期气候的定量分析开辟了道路（Imbrie & Kipp, 1971）。他们基于多元回归分析法将深海沉积物中浮游生物的分类组成与海表温度联系起来，发现这两个变量之间存在着密切的关系。利用这种关系，可以将深海沉积物中保存的不同类型浮游生物群的丰度转化为对过去海表温度的估算。这一方法获得了非常有前景的结果，受此鼓舞，英布里及其同事开展了"气候长期调查、测绘和预估项目"（CLIMAP; CLIMAP Project members, 1976、1981），以便重建地表在末次盛冰期的状态。

地球在末次盛冰期最引人注目的特征是巨大的冰盖覆盖了北半球大部分陆地（见图 7-1）。许多地区的冰盖增多了，最大的冰盖堆积发生在北美东北部（劳伦泰德冰盖）和欧洲西北部（芬诺斯坎迪亚冰盖），而在北美西部（科迪勒拉冰盖）、俄罗斯欧洲部分、阿尔卑斯山、安第斯山脉南部和南极洲西部的冰盖较少。

1981 年，乔治·登顿（George Denton）和 T. J. 休斯（T. J. Hughes）重建了这些巨大的末次盛冰期冰盖，这成为 CLIMAP 重要的成果之一（Denton & Hughes, 1981）。考虑到冰盖外缘呈现冰碛等地质特征，他们确定冰盖形状处于动态平衡状态。在无冰的大陆表面，CLIMAP 利用多元回归分析，从孢粉的分类组成中重建了末次盛冰期的植被分布（Webb & Clark, 1977）。大陆冰盖和植被的重建对于气候建模者确定末次盛冰期大陆表面反照率的分布很有帮助。

影响末次盛冰期气候的一个重要因素是大气中二氧化碳、甲烷和一氧化二氮等温室气体的浓度。通过对冰芯中气泡的分析，科学家发现，在末次盛冰期，这些温室气体的二氧化碳当量浓度约为工业化前的 2/3（Chappellaz et al., 1993; Neftel et al., 1982），这表明末次盛冰期大气的温室效应明显小于现在。除巨大的大陆冰盖以及大范围的雪盖和海冰共同反射了大部分入射太阳辐射外，温室气体浓度降低也是导致末次盛冰期的气候比现在冷得多的原因。温室气体浓度降低在南半球尤为重要，因为那里的反照率变化幅度不大。在此我们介绍使用气候模式模拟末次盛冰期气候的一些早期研究，并评估其对气候敏感度的影响。

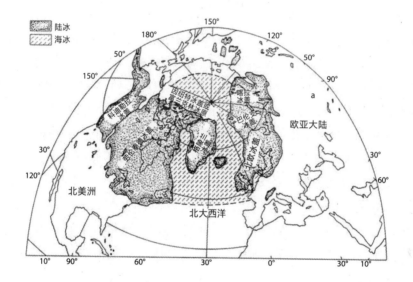

图 7-1　末次盛冰期大陆冰盖的分布

资料来源：Denton & Hughes，1981。

模拟冰期-间冰期差异

1976 年，J. 威廉姆斯（J. Williams）等人（Williams et al., 1974）和 W. L. 盖茨（W. L. Gates, 1976）首次尝试用大气环流模式来模拟末次盛冰期的气候。这些研究基于末次盛冰期的地质重建资料，规定了包括海表温度在内的表面边界条件。盖茨是第一个基于 CLIMAP 重建末次盛冰期的海表温度、海冰和无雪地表反照率分布的人（Gates, 1976）。在他的研究中，大陆表面的温度分布是作为实验的输出而获得的。他发现，许多大陆地区的模拟温度与 CLIMAP 使用各种代用数据（如湖泊沉积物中孢粉的分类组成）所估算的温度大体一致（Webb & Clark, 1977）。然而，这种一致并不一定意味着该模式具有真实的气候敏感度，因为大陆表面温度受到了基于 CLIMAP 重建的周围海洋表面温度的严格限制。

汉森等人（Hansen et al., 1984）使用戈达德太空研究所的一个大气环流模式进行了类似的数值实验。在他们的对照模拟中，海表温度具有季节性分布，这是根据现代观测数据设定的。他们还使用了 CLIMAP 重建的末次盛冰期海表温度分布进行了末次盛冰期模拟，与盖茨研究中所做的类似。他们计算了两个实验之间大气层顶处的净向上辐射通量的差值，发现模式模拟的末次盛冰期大气层顶净向上辐射通量的热损失比现代高 $1.6W/m^2$。过多的热损失表明，该模式的大气–地表系统将进一步冷却，超过末次盛冰期给定的海表温度的可能范围。汉森等人认为，这种辐射不平衡现象是一种迹象，它表明该模式要么由于辐射反馈过大而过于敏感（二氧化碳浓度倍增时温度增高约 4.2℃），要么用作下边界条件的末次盛冰期海表温度在 CLIMAP 中的估算值过大。

汉森等人的研究尝试用两个实验之间大气层顶处的辐射通量差异来推断气候敏感度，其中末次盛冰期和当前的海表温度分布分别根据 CLIMAP 重建和现代观测来设定。确定模式气候敏感度的一种更直接的方法是模拟冰期–间冰期的海表温度差异，并与 CLIMAP 重建的差异进行比较。真锅淑郎和布罗科利首次尝试采用了这种方法。在这里我们将阐述他们获得的结果，并评估其对气候敏感度的影响（Manabe & Broccoli, 1985）。

　　他们研究所使用的模式是在第 5 章中介绍的真锅淑郎和斯托弗开发的大气-混合层海洋模式（Manabe & Stouffer, 1980）。他们使用了该模式的两个版本，一个是固定云（FC）版本，这也是该模式的原始版本，这个版本给定了云的分布，并且没有设置云的反馈作用；另一个是可变云（VC）版本，这个版本允许云的分布发生改变，同时也包含云的反馈作用。这两个版本的模式最初是为研究云反馈而构建的，研究成果发表在韦瑟尔德和真锅淑郎在 1988 年的文章中。我们在前面的第 6 章中已对此进行了介绍（Wetherald & Manabe, 1988）。VC 版本对二氧化碳浓度倍增时的气候敏感度为 4℃，远高于 FC 版本约 2℃的气候敏感度。造成两者存在巨大差异的原因不仅包括 FC 版本没有云反馈，而且包括南半球海冰反照率反馈强度的差异，在南半球，VC 版本的表面气温比 FC 版本要低得多。在不考虑气候敏感度差异具体原因的情况下，这两个版本的模式曾被用来确定与冰期-间冰期的海表温度差异更一致的气候敏感度。

　　真锅淑郎和布罗科利使用这两个版本的模式进行了两组数值实验（Manabe & Broccoli, 1985）。每组实验包括当前的对照实验和末次盛冰期气候的模拟实验。所有的模拟都是从静止等温的大气初始状态开始运行，但对末次盛冰期模拟实验和对照实验规定了不同的边界条件。在末次盛冰期模拟实验中，大气中的温室气体浓度、地表海拔高度、冰盖和海陆分布是根据冰芯和 CLIMAP 的重建而设定的。地球轨道参数的变化没有被考虑在内，尽管它们已被认为是冰期-间冰期气候变化的驱动因素，因为末次盛冰期的地球轨道参数恰好与现在的参数相似。在很大程度上，由于没有混合层下方具有巨大热惯性的深海作用，模式仅用了几十年的时间就接近平衡状态。在整个时间积分过程中，设定入射太阳辐射的季节循环、无雪地表反照率和温室气体的二氧化碳当量浓度保持不变。然后，通过末次盛冰期模拟实验与当前状态之差，计算冰期-间冰期之间的海表温度差异。

　　根据模式的 FC 版本和 VC 版本得到的冰期－间冰期海表温度差异，可以计算其纬圈平均值的经向分布廓线，并将其与 CLIMAP 得到的分布廓线比较，如图 7-2 所示。在这种比较中，冰盖区域的海表温度被定义为海冰底部表面的水温。虽然在大多数纬度地区，VC 版本的海表温度差异比 FC 版本的大，但很难说哪个版本的模式更接近 CLIMAP。这是因为在许多纬度地区，CLIMAP 重建与模式的任一版本之间的差值远远大于模式两个版本之间的差值。例如，在低纬度地区，使用这两个版本得到的冰期－间冰期的海表温度差值远远大于使用 CLIMAP 得到的差值。在这两个半球的中纬度地区，它们的大小相当。在北半球的高纬度地区，即从 60° 向极地方向，它们远小于使用 CLIMAP 得到的差值。尽管如此，科学家还是发现了令人鼓舞的结果：模式的两个版本所得到的冰期－间冰期海表温度差值的经向廓线与 CLIMAP 所得到的分布大致相同。

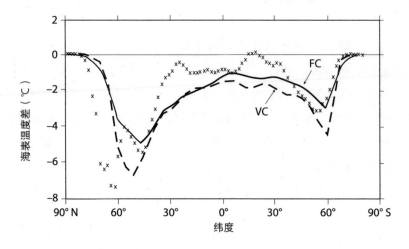

图 7-2　末次盛冰期和当前状态的纬圈年平均海表温度差异的经向廓线

注：数据从大气－混合层海洋模式的 FC 版本和 VC 版本中获得。打叉的曲线表示基于 CLIMAP 得到的海表温度差异（1 月和 7 月的平均值）。

资料来源：Manabe & Broccoli，1985。

　　图 7-3 展示了从末次盛冰期到当前状态的 CLIMAP 海表温度经向廓线的变化情况。如图 7-3a 所示，无论是末次盛冰期还是当前状态，低纬度地区海表温度都相对较高，并随着纬度增加而逐渐降低，直至海冰外缘，那里的海表温度处于海水的冰点（-2℃）。图 7-3b 显示了末次盛冰期和当前状态之间的差异，随着纬度增加而逐渐增大，在末次盛冰期海冰边缘达到最大值。在末次盛冰期海冰边缘向极地方向，海表温度差异急剧减小，直到高纬度海洋上空达到零，而这部分海域在末次盛冰期和现在都被海冰覆盖。该图描述的冰期-间冰期海表温度差异的经向分布廓线与图 7-2 的分布相似，尤其是在南半球，海表温度和海冰的分布比北半球呈现更明显的经向分布。

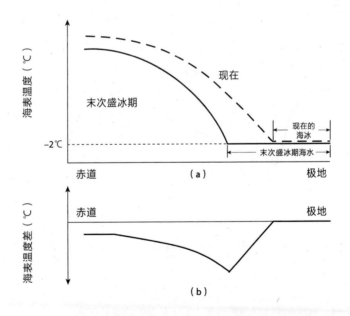

图 7-3　从末次盛冰期到当前状态的 CLIMAP 海表温度经向廓线的变化

注：图（a），表示末次盛冰期和当前状态下的海冰覆盖率和海表温度经向廓线之间的对应关系。图（b），冰期-间冰期海表温度差异的经向廓线（末次盛冰期-当前状态）。

在此进行的数值实验中，冰期–间冰期的海表温度差异取决于三个因素：高反照率的大陆冰盖扩张、温室气体二氧化碳当量浓度降低以及无雪表面反照率变化。为了评估这些变化对冰期–间冰期海表温度差异的单独贡献，布罗科利和真锅淑郎（Broccoli & Manabe, 1987）使用 FC 版本的模式做了额外的数值实验。在每个实验中，他们一次改变一个因素，从而评估每个因素的变化对整个冰期–间冰期海表温度差异的贡献。

图 7-4 显示了这组实验所得到的各组海表温度差异的纬度分布。大陆冰盖扩张对北半球海表温度的影响较大，对南半球的影响较小，因为南半球的大陆冰架在冰期–间冰期的差异很小。

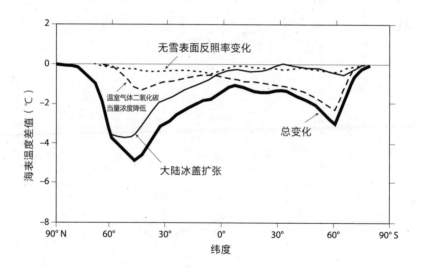

图7-4　冰期–间冰期海面温度（℃）差异的纬度分布图

资料来源：Broccoli & Manabe，1987。

　　正如真锅淑郎和布罗科利（Manabe & Broccoli, 1985）所指出的，通过南北半球间热交换造成海表温度扰动的阻尼比南北各半球观测的辐射阻尼弱得多，对中高纬度扰动的大小几乎没有影响。温室气体二氧化碳当量浓度降低的影响在两个半球之间大体相当，尽管在南半球的影响更大一些。无雪表面反照率变化的贡献在南北半球都相对较小。从另一个角度来看，大陆冰盖扩张对北半球的影响最大，其次是温室气体二氧化碳当量浓度降低的影响。此外，在南半球，温室气体二氧化碳当量浓度降低是造成海表温度差异的主要原因。从全球平均的角度来看，大陆冰盖扩张和温室气体二氧化碳当量浓度降低对全球平均海表温度都有巨大影响，而无雪表面反照率变化对全球的影响很小。

　　以 VC 版本的模式获得的冰期-间冰期海表温度差值的地理分布为例，将其与图 7-5 中的 CLIMAP 重建结果对比。总体而言，该模式较好地模拟了海表温度差异的大尺度样态。例如，海表温度差异相对较大的区域出现在南大洋纬向区域和北大西洋北部，即末次盛冰期海冰边缘的位置，与图 7-3 的示意图一致。

　　然而，通过详细对比，我们不难发现模式模拟和 CLIMAP 重建之间的许多差异。以南半球为例，在模式模拟中，冰期-间冰期的海表温度差异在南纬 60° 左右的纬圈带较大，而在 CLIMAP 重建中在南纬 50° 左右较大。在北大西洋北部，无论是模式模拟还是 CLIMAP 重建，均存在较大的海表温度差异。然而，在 CLIMAP 重建中，差异较大的区域却沿着斯堪的纳维亚山脉海岸经向延伸。如图 7-3 所示，在末次盛冰期，冰期-间冰期海表温度差值在赤道边缘达到最大值。因此，这两种差异可能至少部分归因于这里使用的大气-混合层海洋模式未能真实地确定末次盛冰期海冰边缘的位置。

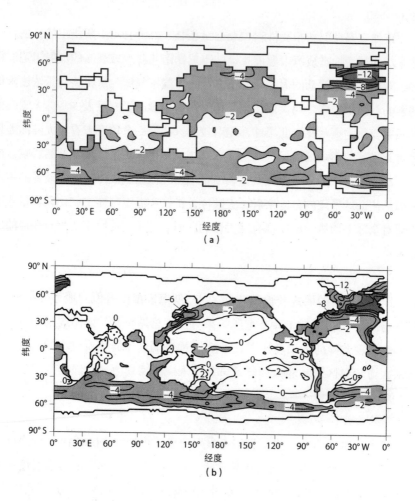

图7-5 末次盛冰期–当前状态年平均海表温度差值的空间分布

注：图（a），基于VC版本的模式得到的海表温度差值。图（b），基于
CLIMAP重建所估算的海表温度差值（2月及8月平均值）。

资料来源：Manabe & Broccoli，1985。

　　在图 7-5b 所示的 CLIMAP 重建结果中，冰期－间冰期的海表温度差值在赤道太平洋两侧的广大地区为较小的正值，这表明在末次盛冰期，这些区域的海面比当前更暖。重建结果变暖是有违大多数人想象的，值得仔细研究。布罗科利和 E. P. 马齐尼亚克（E. P. Marciniak）在研究 CLIMAP 使用的数据来源时发现，在海表温度正异常的区域很少有沉积物岩芯数据，这些区域的海表温度通常是通过主观的手绘插值确定的（Broccoli & Marciniak, 1996）。认识到 CLIMAP 得到的海表温度差值在这些地区可能不那么可靠后，他们仅在沉积物岩芯数据可用的位置使用数据重新计算了纬圈平均海表温度的差值。在热带地区（30°N～30°S）得到的纬圈平均冰期－间冰期海表温度差值为-1.8℃，远远大于 CLIMAP 最初重建的-0.6℃的纬圈平均海表温度差值。然而，这与分别从 FC 版本和 VC 版本的模式中得到的-1.6℃和-2.0℃的纬圈平均海表温度差值相似。

　　自 CLIMAP 的研究发表以来，许多研究表明，末次盛冰期的热带海表温度远低于 CLIMAP 的重建值。例如，根据对巴巴多斯（Barbados）附近珊瑚的同位素分析，托马斯·吉尔德森等人（Thomas Guilderson et al., 1994）认为，末次盛冰期热带海表温度比今天要低 5℃左右。J. W. 贝克（J. W. Beck）等人（Beck et al., 1992）则根据海表温度与活珊瑚锶 / 钙比值的高度正相关关系估算了热带海表温度，发现末次盛冰期热带海表温度比现在低了约 5℃，这与吉尔德森等人的研究结果一致。这些热带海表温度估算值远低于布罗科利和马齐尼亚克的-1.8℃修正估算值。

　　此外，托马斯·克劳利（Thomas Crowley）发现，热带海表温度在末次盛冰期低得令人难以置信，更令人疑惑的是大多数珊瑚是否有可能在如此低的温度下生活（Crowley, 2000）。他推测，如果末次盛冰期的热带海表温度比现在的低 5℃，大多数珊瑚就会处于目前可生存水平的边缘甚至以下，而浮游生物的组成成分也会与 CLIMAP 所得到的分析结果大不相同。因此，他认为末次盛冰期和当前状态之间的海表温度差异必须远小于吉尔德森等人和贝克等人得出的大数值结果（Guilderson et al., 1994; Beck et al., 1992）。

重建海表温度的另一种方法则是利用由浮游生物产生并保存在海洋沉积物中的烯酮分子。例如，西蒙·布拉塞尔（Simon Brassell）等人（Brassell et al., 1986）发现，温度与双不饱和及三不饱和的烯酮分子的比例存在很强的相关性。在过去的几十年里，人们曾多次尝试利用这种比例与海表温度的关系来估算冰期的海表温度。现在看来，在对大西洋和印度洋沿海地区烯酮含量的估算中，用这种技术重建的海表温度减少值与 CLIMAP 得到的数据没有实质性差异。

布罗科利（Broccoli, 2000）改进了上述 VC 版本的模式，再次尝试模拟末次盛冰期的海表温度分布。他的模式的计算分辨率是上述 FC 版本或 VC 版本的模式的 2 倍。此外，他使用了被称为 "Q 通量" 的技术，该技术由汉森及其在戈达德太空研究所的合作者开发，如第 6 章所述。该技术的应用使对照实验中海表温度和海冰的地理分布比早期 FC 版本或 VC 版本的模式所得到的地理分布更加真实。这个新版本模式的气候敏感度为 3.2℃，这是 IPCC 第五次评估报告所评估的模式的中值（Flato et al., 2013）。

图 7-6 比较了纬圈平均的冰期−间冰期海表温度差值的模拟和重建廓线图。这两个廓线图都是利用有 CLIMAP 沉积物岩芯数据的海表温度来确定的。如图所示，不仅在热带地区，而且在北半球的中高纬度地区，模拟和重建廓线之间有非常好的一致性。在南半球，南纬 35° 以内的吻合度也很好。但是在南纬 40° 至极地的区域，该模式模拟的海表温度差值明显小于 CLIMAP 沉积物岩芯数据的结果。第 9 章将讨论这一差异，并进一步评估大气−海洋耦合模式对大气中二氧化碳浓度降低的平衡响应。这表明，这种差异是由于布罗科利在使用的大气−混合层海洋模式中，南大洋的上层和深层

之间缺乏相互作用。

　　模式得到的 3.2℃的气候敏感度与 CLIMAP 重建的结果相似，从而印证了实际气候敏感度与 3℃没有实质性差异。该结果与汉森得到的结果略有不同（Hansen et al., 1984），这表明实际气候敏感度可能低于汉森计算得到的4.2℃。把这里得到的结果和前一章的结果结合起来，可以推测实际气候敏感度可能为 3℃左右。

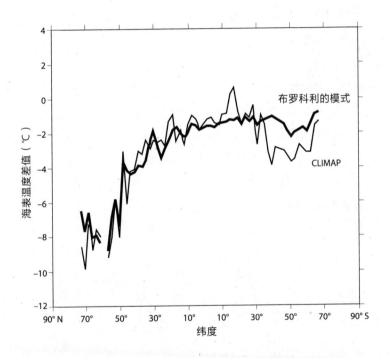

图 7-6　末次盛冰期-当前状态年平均海表温度差值的经向廊线图

注：图中比较了 CLMAP 和布罗科利模式。在 CLIMAP 中有沉积物岩芯数据的地方，用该区域海表温度的算术平均值来计算纬圈海表温度差值的平均值。

资料来源：Broccoli，2000。

　　自布罗科利在世纪之交完成研究以来，古海洋学的发展提供了更多估算末次盛冰期海表温度的方法。例如，海洋微生物外壳中的镁／钙比例已用于估算末次盛冰期的热带温度。大卫·莱亚（David Lea）总结了使用镁／钙和烯酮重建海表温度的大量研究结果，并认为热带海洋在末次盛冰期降低了（2.8±0.7）℃（Lea, 2004）。这种降温比 CLIMAP 估算的要大一些，但没有之前描述的早期用珊瑚估算的那么大。而 MARGO[①] 项目估算的热带海表温度在末次盛冰期减少了 1.7℃，这与布罗科利和马齐尼亚克解释的 CLIMAP 重建类似（Brocoli & Marciniak, 1996）。而詹姆斯·安南（James Annan）和 J. C. 哈格里夫斯（J. C. Hargreaves）估算热带海表温度下降了（1.6±0.7）℃（Annan & Hargreaves, 2013）。

　　这些热带海表温度重建结果与全球气候对二氧化碳浓度翻倍的气候敏感度（3℃）基本一致。重建整个地球地质史上过去温度和辐射强迫纬度分布图，根据重建结果的综合分析（PALAEOSENS Project members, 2012）[②]，估算出的实际气候敏感度范围是 2.2～4.8℃。尽管与该估算相关的不确定性仍然大于预期，但布罗科利（Broccoli, 2000）利用所采用的模式得到的气候敏感度更接近这个范围的中心。

---

① MARGO 指"重建冰川海洋表面的多代用方法"项目，这个项目工作组于 2002 年 9 月成立。MARGO 是一个开放的国际项目，涉及数据收集、共享和协调，目的是构建一个新的冰川海表温度和海冰范围的综合产品。MARGO 的总体目标是整理和协调所有可用的替代数据和技术方法，并将它们置于一个共同的框架内，进行全球冰川海洋的多代用资料重建。——译者注
② 源自 PALAEOSENS 项目。PALAEOSENS 项目成立于 2011 年 3 月，主要目标是比较并改进古气候敏感度估值，从而提出新的可以适应未来气候变化的平衡预估结果。——译者注

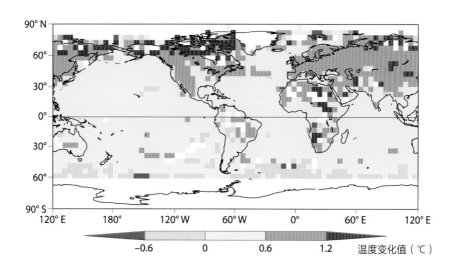

彩图-1 25 年（1991—2015 年）平均地表温度变化的地理分布

注：温度变化数值为与 30 年基准期（1961—1990 年）平均温度的差异。该图使用的历史地表温度数据集由 HadCRUT4 构建，该数据集由东英吉利大学气候研究室和英国气象局哈得莱中心联合编制（Morice et al., 2012）。在南大洋的南纬 60 度以南的极地地区，由于收录到的冬季数据很少，所以没有显示异常值。

资料来源：Stouffer & Manabe, 2017。

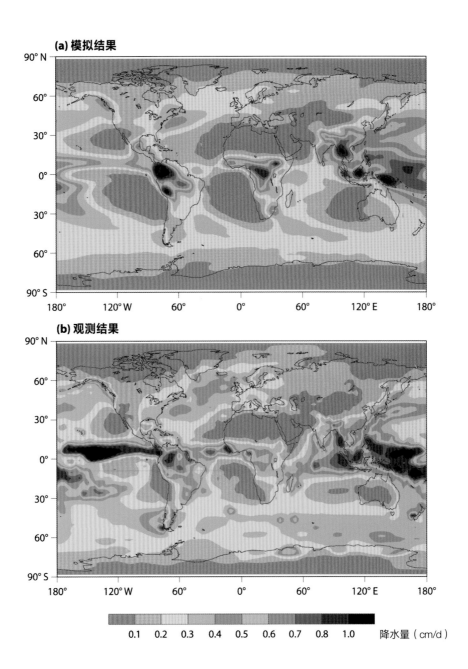

(a) 模拟结果

(b) 观测结果

0.1 0.2 0.3 0.4 0.5 0.6 0.7 0.8 1.0   降水量（cm/d）

彩图-2 平均年降水量的地理分布

资料来源：Legates & Willmott, 1990；Wetherald & Manabe, 2002。

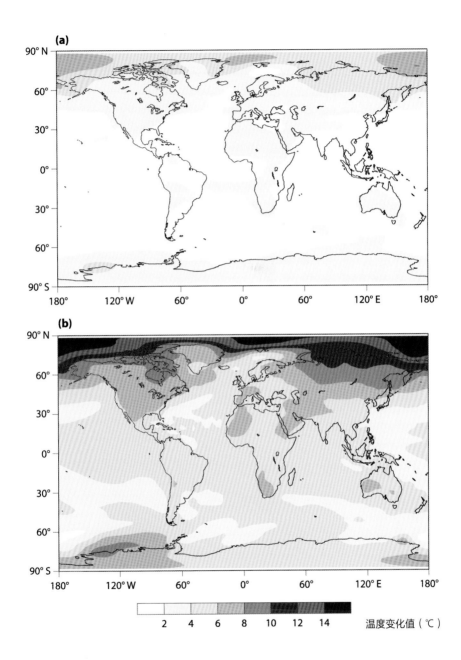

彩图-3 模拟得到的平均地表温度变化的地理分布

注：（a）为从前工业化时期（18世纪60年代之前）到21世纪中期的模拟结果，在这个过程中实验人员将二氧化碳浓度增加到原来的2倍；（b）为大气中二氧化碳浓度增加到原来的4倍时的模拟结果。

资料来源：Manabe et al., 2004b。

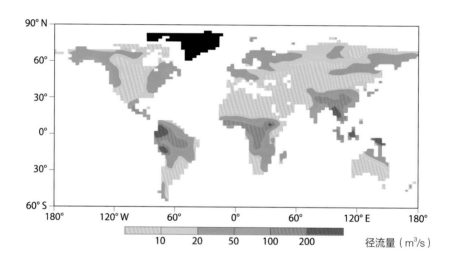

彩图-4 对照实验中年平均径流量的地理分布

注：黑色阴影表示被冰覆盖的面积。

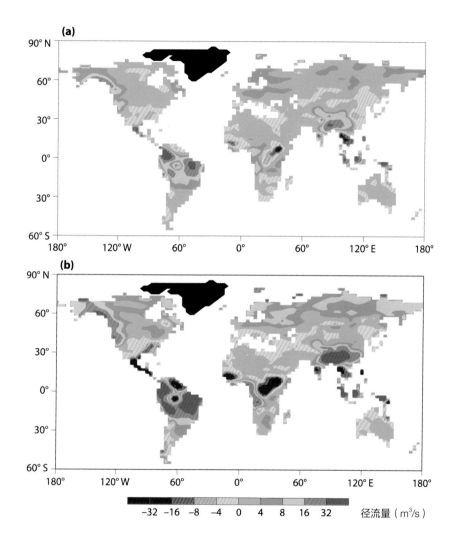

彩图 -5　模拟得到的年平均径流量对二氧化碳浓度变化的响应

注：（a）为二氧化碳浓度增加为 2 倍时的情况，（b）为二氧化碳浓度增加为 4 倍时的情况。黑色阴影表示被冰覆盖的面积。

资料来源：Manabe et al.，2004b。

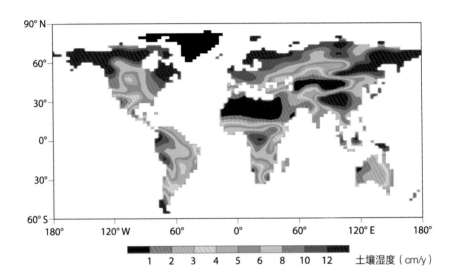

彩图 -6　模式模拟的年平均土壤湿度的地理分布

注：土壤湿度被定义为土壤根部区域的水分总量与枯萎点之间的差异。黑色阴影表示
被冰覆盖的面积。

资料来源：Wetherald & Manabe, 2002。

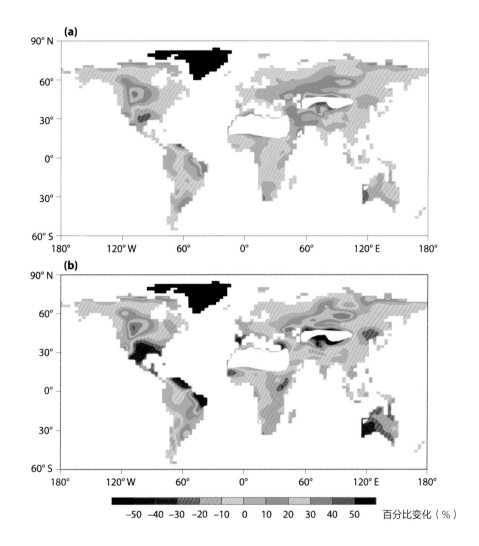

彩图 – 7　土壤湿度年平均百分比变化的地理分布

注：百分比变化被定义为从对照实验中所得到的土壤湿度百分比的时间平均值。（a）
为二氧化碳浓度翻倍时的情况，（b）为二氧化碳浓度增高为 4 倍时的情况。如彩图 – 6
所示，在撒哈拉沙漠和中亚等极端干旱的地区，由于土壤湿度小于 1cm，其百分比变
化没有物理意义，所以百分比变化没有显示。黑色阴影表示被冰覆盖的面积。

资料来源：Manabe et al., 2004b。

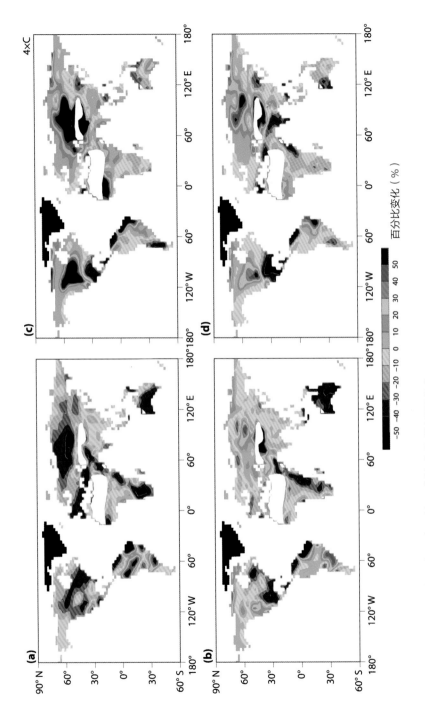

彩图-8 土壤湿度季度平均百分比变化的地理分布

注：模式中季度平均土壤湿度百分比对二氧化碳浓度增加为 4 倍的响应的地理分布，其中（a）为夏季（6~8 月），（b）为秋季（9~11 月），（c）为冬季（12~2 月），d 为春季（3~5 月）。如彩图-6 所示，在撒哈拉沙漠和中亚等极端干旱的地区，由于土壤湿度小于 1cm，其百分比变化没有物理意义。黑色阴影表示被冰覆盖的面积。

资料来源：Manabe et al., 2004b。

第 8 章

海洋在气候变化中的作用：
热惯性、海气耦合模式

B EYOND
G LOBAL
W ARMING

海洋的热惯性

在前几章中，我们讨论了平衡响应，即在足够长的时间内，气候对热强迫的总响应。在本章中，我们将利用大气-海洋-陆地耦合的大气环流模式来讨论气候对热强迫的时间依赖性响应。首先，我们将利用斯蒂芬施耐德（Stephen Schneider）和 S. L. 汤普森（S. L.Thompson）提出的大气-海洋-陆地耦合系统的简单零维能量平衡模式，来确定哪些因子能够调控气候对热强迫的时间依赖性响应（Schneider & Thompson, 1981）。

正如第 6 章所讨论的，大气-海洋-陆地系统的热平衡是指大气层顶部的净入射太阳辐射和向上大气长波辐射之间的平衡。假设地表-大气系统处于热平衡状态。如果该系统被加热，地表和上覆大气的温度将随时间而增高。全球平均地表温度的预报方程可以表示为：

$$C\,\partial T'/\partial t = Q - \lambda\,T' \tag{8.1}$$

其中 T' 是加热后全球平均地表温度与系统处于热平衡时的初始值的偏差，C 是系统的有效热容量，Q 是施加给系统的热强迫，t 表示时间。λ 为第6章公式（6.5）定义的反馈参数，它表示辐射阻尼的强度，该阻尼通过作用于大气层顶部的净向上辐射，引起全球平均地表温度扰动。

如图 8-1b 所示，假设一个热强迫 Q 突然作用于初始状态处于热平衡的系统（即打开热强迫）。换句话说，$t<0$ 时，$Q=0$，而 $t \geqslant 0$ 时，$Q=Q_0$。在这种情况下，公式（8.1）的通解可以用无量纲形式表示，如下所示：

$$(T'/T'_\infty) = 0 \quad t < 0$$

$$(T'/T'\infty) = [1 - \exp(-t/\tau)] \quad t \geqslant 0 \tag{8.2}$$

T'_∞ 是 T' 在 $t = \infty$ 时的取值，Q_0 是施加的热强迫，τ 是响应的时间常数，表示为：

$$\tau = C/\lambda \tag{8.3}$$

时间常数通常被称为指数递减时间，它表示当 $t=\tau$，或 $t/\tau=1$ 时，达到总平衡响应的（$1-1/e$）或 63% 时所需的时间，此时系统尚剩余 $1/e$ 或约37% 未达到平衡。该响应如图 8-1a 所示，图中显示了标准化的表面温度相对于其初始值的变化。换言之，时间常数表示达到总响应的 2/3 所需的时间，通常用作衡量延迟响应时间长度的指标。如公式（8.3）所示，时间常数 τ 与系统的有效热容量 C 成正比。对于气候系统而言，几乎所有的有效热容量都存在于海洋中。此外，时间常数也与辐射阻尼的强度成反比，而辐射阻尼可对全球地表温度造成扰动。我们将通过使用这个简单的模式评估海洋在气候变化中的作用，看看海洋如何延迟表面温度对热强迫的响应。

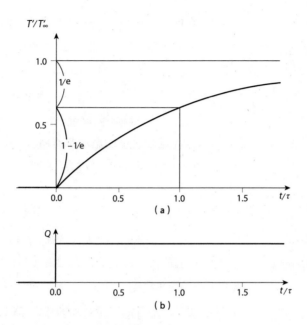

图 8-1　归一化全球平均地表温度异常及开启热强迫的时间变化

注：Q，开启热强迫；t，时间；T'，初始状态下的全球平均地表温度异常；

T'_∞：其总平衡响应；τ，响应的时间常数。

　　要利用公式（8.3）估算打开热强迫后模式响应的时间常数，不仅需要估算系统的有效热容量 C，还需要估算反馈参数 λ 的大小。如第 6 章和第 7 章所述，气候敏感度（定义为全球平均地表温度对二氧化碳浓度增高 2 倍的平衡响应）的值大概率为 3℃。假设气候敏感度为 3℃，二氧化碳浓度倍增的热强迫为 4W/m^2，可以使用第 6 章中的公式（6.7）来估算反馈参数的近似值。由此得出反馈参数约为 1.3（W/m^2）·K。为了估算地球系统的全球平均热容量 C，假设地表热容量近似为 0，混合层海水的厚度约为 70 米且不与下层海水进行热交换，则可以估算该系统的全球平均热容量约为 2×10^8 J/m^2。将 λ 和 C 代入公式（8.3），可得出时间常数 τ 约为 5 年，这表明海洋响应的时间尺度非常短。

上述计算中使用的海洋混合层模式忽略了混合层与深海之间的热交换。悉尼·莱维图斯（Sydney Levitus）等人（Levitus et al., 2000）发现，从 20 世纪 50 年代中期至 90 年代中期，海洋的热容量发生了巨大变化，不仅混合情况良好的表层海水热容量发生了变化，连 300～1 000 米深度的海水的热容量也发生了变化。他们还发现，在大西洋，热量可下传至 1 000 米以下的深海中。该结果清楚显示了海洋深层和表层的温度都有所上升。由此可知，整个海洋对热强迫响应的实际时间尺度很可能远远超过 5 年。

汤普森和施奈德、马丁·霍夫特（Martin Hoffert）以及汉森等人预见了表层海水和深海之间热交换的重要性（Thompson & Schneider, 1979; Hoffert et al., 1980; Hansen et al., 1981）。他们使用了显式处理表层海水与深海之间热交换的大气–海洋–陆地耦合系统的简单模型，初步尝试模拟大气–海洋–陆地耦合系统对随大气二氧化碳浓度逐渐上升而逐步增加的热强迫的时间依赖性响应。他们发现，在他们实验的头几十年里，变暖的延迟很小。然而，随着热量从表层向海洋的深层传输，变暖延迟的时间会增大，从而增加系统的有效热惯性。

我们将更详细地研究汉森等人（Hansen et al., 1981）的工作，其工作可作为早期研究深海对气候瞬态响应影响的例子之一。该研究建立了一组一维全球平均垂直柱模式，将大气的辐射对流模式与海洋模式耦合。在该模式的第一个版本中，海洋被设定为两层，即混合良好的表层和在表层下方存在热量垂直扩散的深层。深层海水的热量垂直扩散系数是 10^{-4} /（$m^2 \cdot s$），这近似等于沃尔特·芒克（Walter Munk）根据海洋温度和盐度的垂直分布推断出的数值（Munk, 1966）。在第二个版本的模式中只有表层海洋，没有深层海洋；在第三个版本中海洋的热容量为零。

利用上述模式的三个版本，汉森等人计算了从 1880 年到 2000 年的 120

年间，全球平均地表温度对大气中逐渐增高的二氧化碳浓度的时间依赖性响应。图 8-2 显示了三个版本的模式中全球平均地表温度是如何变化的。在海洋热容量为零的实验中，全球平均地表温度需要大约 100 年的时间才能增加 0.5℃。在海洋仅被视为混合良好的表层的模式中，达到 0.5℃升温需要额外再花 5 年的时间，即从公式（8.1）表示的简单零维模式中获得的时间常数。在海洋既有表层，也有深层的模式中，要达到同样的 0.5℃升温，需要再多 10 年的时间。简而言之，与深海的热量交换将增温延迟了约 15 年的时间，或者说其延迟时间是仅考虑混合良好的表层情况下的 3 倍左右。上述结果清楚地表明随着热量进入海洋深处，表面温度对热强迫响应的延迟是如何增加的。

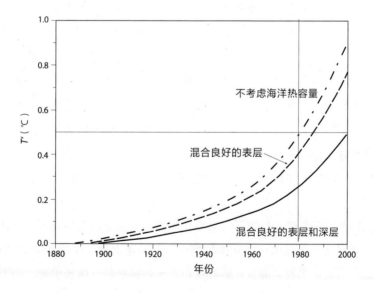

图 8-2　全球平均地表温度异常的时间变化

除了上述数值实验，汉森等人还进行了一组额外的实验，使用的模式为包括海洋表层和底层的版本。在这些实验中，模式由 1880—1980 年这 100 年间二氧化碳、反射入射太阳辐射的火山气溶胶以及太阳辐照度的变化驱动。在使用的三种辐射强迫中，二氧化碳强迫的估算最可靠，其次是火山气溶胶。正如作者所指出的，由于对太阳辐照度变率的估算程度最高，因此所得结果也是最不可靠的。鉴于三种类型的辐射强迫在可靠性上存在较大差异，该模式设置了三组辐射强迫的影响，分别为仅二氧化碳影响、二氧化碳 + 火山气溶胶两者影响，以及二氧化碳 + 火山气溶胶 + 太阳辐照度共同影响。图 8-3 将这三组实验模拟的全球平均地表温度与观测温度的时间序列进行了比较。可以看出，每增加一种辐射强迫，模拟和观测的时间序列的一致性就会得到改善，这样的结果令人鼓舞。然而，由于太阳辐照度变率的高度不确定性，我们不应该过于重视增加太阳辐照度变率所带来的微小改善。

作为上述研究的延伸，汉森等人（Hansen et al., 1988）利用大气-海洋-陆地耦合系统的三维模式对全球变暖进行了里程碑式的研究。该模式的范围覆盖了整个地球，在模式中具有海洋和大陆的真实分布。它是一个包含了大气环流、相对简单的陆地表面、海洋的耦合模式，海洋模式包括了表层和热量垂直扩散的深层。该深层部分的垂直扩散系数具有地理分布特征，是根据瞬变惰性示踪剂的穿透性与局部水柱稳定性之间的经验关系来确定的。

他们使用这个模式计算了气候变化响应辐射强迫的最佳估计值。这一模式中的气候变化不仅由二氧化碳的变化引起，还由大气中的其他痕量成分，如甲烷、一氧化二氮、氟氯化碳和火山产生的硫酸盐气溶胶引起。由于该模式成功地模拟了 20 世纪后半叶全球地表温度的平均变化，他们将模拟时间扩展到了 21 世纪。他们发现，全球变暖幅度的空间分布并不均匀，变暖在大陆上比在海洋上的幅度大。在南北两个半球，变暖随着纬度的增高而加剧，这与之前使用大气-混合层模式获得的平衡响应结果一致（Hansen et al.,

1984)。通过这个实验，他们令人信服地证明了其开发的大气－海洋－陆地耦合系统的三维模式是预测全球变暖的强大工具。汉森在 1988 年举行的美国国会听证会上介绍了这项研究的主要结果。他的证词受到了广泛关注，并在公众对于全球变暖的认识上产生了深远的影响。

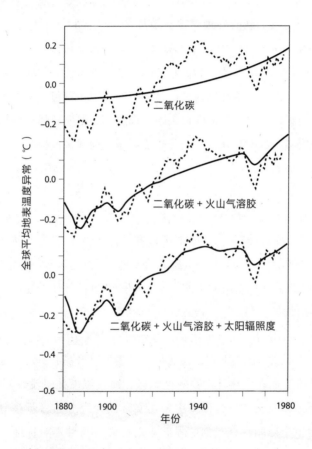

图 8-3　三种辐射强迫下的全球平均地表温度异常的时间序列

资料来源：Hansen et al., 1981。

　　在上述全球 GISS 模式的海洋部分，海洋次表层较深处的垂直热输送是用垂直涡动扩散系数进行参数化得到的。然而，在实际的海洋中，热量不仅通过湍流和对流，还通过大尺度环流进行垂直输送，这些过程彼此间有着密切的相互作用。因此，为了预测地球系统全球尺度的变化，必须构建一个将大气环流与海洋模式结合起来的模式，该模式应该显式地包含湍流、对流和大尺度环流过程。当时在地球物理流体动力学实验室工作的真锅淑郎和 K. 布莱恩（K. Bryan）于 1969 年（Manabe & Bryan, 1969）首次尝试将大气模式与布莱恩和 M. D. 考克斯（M. D. Cox）建立的海洋大气环流模式相结合（Bryan & Cox, 1967）。虽然该模式的计算范围有限，仅包含理想化分布的陆地和海洋，但它成功地模拟出耦合系统中观测到的温度和降水分布的典型特征。受这一成功尝试的鼓舞，他们开始使用这些模式来模拟和研究全球变暖（Bryan et al., 1982、1988）。

　　例如，在 1988 年的研究中，布莱恩等人采用了一个计算区域由三个相同的扇区组成的耦合模式，这些扇区延伸至南北两个半球。每个扇区以两条相距 120° 的经线为界，每个纬圈带的海洋比例设定为与实际的比例相似。比如在南纬 55° 到 60° 之间的纬圈带中，模式中海洋是纬向连接的，类似于环极分布的南大洋。利用这一模式，他们得到了在耦合系统中打开热强迫后的响应过程，采用的热强迫是在实验开始时将大气中的二氧化碳浓度翻倍，并在此后保持不变。他们发现，在北半球海表温度升高，升温幅度随着纬度的增高而增大，而在南半球的高纬度地区，海表温度几乎没有变化。正如本章后文所述，在全球耦合模式中采用实际的地理分布，所获得的表面温度变化在两个半球间存在类似的显著不对称性。这种不对称性与汉森等人（Hansen et al., 1988）得出的结果相反。在汉森等人的结果中，两个半球都出现了变暖的极地放大效应。这两种结果的差异也表明，在耦合模式中明确地考虑洋流热传输的影响是十分必要的。

20 世纪 70 年代，地球物理流体动力学实验室和美国国家大气研究中心（NCAR）首次尝试构建一个包含实际地理分布的完全耦合的全球大气环流模式（Manabe et al., 1979; Washington et al., 1980）。到 20 世纪 80 年代末，这两个机构的研究小组都公布了更接近实际情况的全球变暖的实验结果。在这些实验中，大气中的二氧化碳浓度都是逐渐增高的（Stouffer et al., 1989; Washington & Meehl, 1989）。在本章的后续部分，我们将分析真锅淑郎等人（Manabe et al., 1991、1992）进行的实验，讨论海洋在控制表面温度变化分布方面的作用。我们将首先简要描述地球物理流体动力学实验室开发的全球大气－海洋大气环流模式的结构。

海气耦合模式

图 8-4 展示了斯托弗等人（Stouffer et al., 1989）在研究全球变暖时使用的全球大气－海洋耦合的大气环流模式的结构图。为便于表示，我们将在下文中将此处的大气环流模式简称为"耦合模式"，该模式包括大气环流模式、海洋环流模式和一个简单的可以反映大陆表面热量和水分收支情况的陆面模式。不同于早期耦合模式版本采用的具有高度理想化地理分布的扇形区域，例如真锅淑郎和布罗科利在 1969 年提出的模式就具有更真实的地理分布（Manabe & Bryan, 1969）。

我们在第 4 章中对大气环流模式的基本结构进行了描述。它分别使用运动方程、热力学方程和水汽连续性方程，来计算风、温度和比湿的变化率。如第 4 章所述，在陆地上，大气环流模式与一个简单的反映热量和水汽收支的陆面模式耦合。海洋环流模式分别使用运动方程、热力学方程、盐度预报方程和一个简单的海冰模式，计算洋流、温度、盐度和海冰厚度的变化率（Bryan & Lewis, 1979）。尽管海冰模式中海冰是随表面洋流移动的，但海冰模式类似于第 5 章中描述的热力学模式。这些大气和海洋环流模式相互作用，在界面处交换热量、水汽和动量。

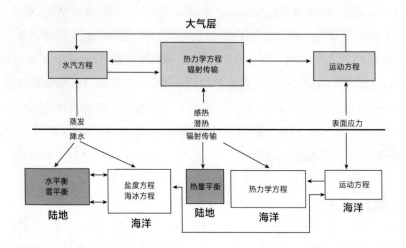

图 8-4 大气-海洋耦合模型结构图

资料来源：Stouffer et al., 1989。

由于 20 世纪 80 年代后期可用计算机的能力有限，斯托弗等人在进行该项研究时，大气-海洋耦合模式的计算分辨率远低于当前可用的耦合模式。例如，大气环流模式有 9 个垂直有限差分层。该模式采用谱方法，其中预测变量的水平分布由球谐函数（每个傅里叶分量的 15 个相关的勒让德函数）和网格点值表示。海洋环流模式有一个规则的网格系统，具有 4.5° × 3.75°（纬度 × 经度）的间距和 12 个不均匀分布的垂直有限差分层。顶部有限差分层的厚度为 50 米，代表垂直等温的海洋混合层。

当耦合模式从一个真实的初始状态开始时间积分时，由于该模式并不能完美地表示真实气候系统，所以模拟得到的气候往往会偏离真实状态，这也叫作"气候漂移"。很明显，这种气候漂移会扭曲气候对热强迫的时间依赖性响应。为了减少气候漂移，本书采用了一种被称为"通量调整"的方法。在下一节中，我们将简要介绍这种方法，并解释它如何有效地预测和评估气候变化。真锅淑郎等人 1991 年的论文（Manabe et al., 1991）提供了该方法的更多细节。

初始化和通量调整

为了防止上述的气候漂移，耦合模式时间积分的初始状态是从耦合模式的大气和海洋分量各自进行时间积分获得的。大气分量的初始状态是静止的等温干燥大气，海洋表面则给定为随季节变化的海表温度的实际分布。该大气模式的时间积分长度为 12 年。模式运行几年后，大气达到准平衡，其中大气状态的季节变化在每年具有明显的相似性。这样得到的大气状态被用作耦合模式时间积分的大气初始状态。

该模式海洋部分的初始状态包括一个垂直方向混合良好的表层和一个具有恒定温度和盐度的深层，其中表层具有真实的水平温度、盐度和海冰厚度分布。以此为起点，海洋部分的初始时间积分持续了大约 2 400 年。在整个积分过程中，上述变量被持续地弛豫到表层具有季节性和地理变化的观测值，弛豫时间为 50 天。表层以下的温度、盐度和速度通过模式计算获得。在积分接近结束时，除了在海洋深层里还有非常缓慢的温度变化，海洋状态没有系统性的趋势。

将这种准平衡状态用作耦合模式时间积分的初始状态，把由此获得的纬圈平均海洋温度的纬度−深度剖面与图 8-5 中的观测剖面进行比较。可知，尽管深水温度偏高约 1～2℃，但该模式模拟的纬圈平均海洋温度的纬度−深度剖面与观测值相似。

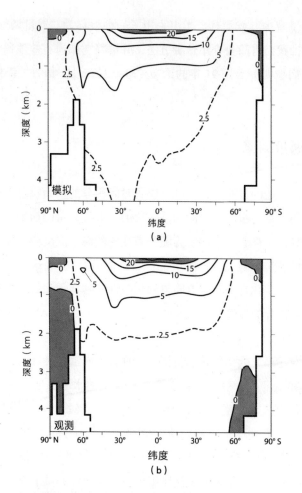

图 8-5　纬圈平均的年平均海洋温度的纬度 – 深度剖面

注：图（a），耦合模式海洋部分积分 2 500 年结束时的模拟温度。图（b），
莱维图斯观测到的温度（Levitus, 1982）。

对模式的大气和海洋分量进行单独的初始积分，将两种积分获得的大气
和海洋状态结合起来，可以得到耦合模式时间积分的初始状态。由于这些组
分模式还不完善，从大气分量获得的海洋表面热通量和水分通量都随季节变

化，其水平分布与从海洋分量获得的计算结果并不相同。如果将从大气分量获得的界面通量施加在海洋分量上，耦合模式的海洋状态可能会出现气候漂移。为了避免这种气候漂移，就需要对从模式的大气分量获得的热通量和水分通量的界面值进行修正，修正量等于从海洋和大气分量获得的通量在其单独积分中的差值。在以这种方式修正之后，随着耦合模式的积分，通量被施加到海洋分量上。虽然通量调整值取决于季节和地理位置，但它们在当年到下一年之间没有变化，因此与模拟的表层海洋状态无关。通过应用上述通量调整，耦合模式海洋表面的温度、盐度和海冰厚度在实际值附近波动，几乎不随时间发生系统性气候漂移。当通过对模式施加辐射强迫进行扰动实验时，对扰动模拟和对照模拟进行了相同的随空间和季节变化的通量调整，以便不会人为扭曲对照模拟和扰动模拟之间的大气-海洋通量的差异。

保持温度和海冰厚度的真实分布对于估算气候敏感度很重要。正如第 4 章和第 6 章所讨论的，对给定热强迫的气候敏感度在很大程度上取决于地表的温度，这主要是因为积雪和海冰的反照率反馈强度随着表面温度的降低而增强。由于通量调整的应用，温度和海冰厚度的分布是真实的，这使得该模式非常适合估算气候敏感度。

通量调整的使用有效地减少了耦合模式中可能出现的虚假气候漂移，这也是真锅淑郎等人（Manabe et al., 1991、1992）在全球变暖实验中采用这种方法的主要原因。在我们看来，通量调整可能是预测气候变化以及估算气候敏感度的一个有用的方法。还有一些其他实验的例子，在这些实验中，通量调整已经或可能对预测气候变化有效。我们在下面将简要讨论一些这样的实验。

正如第 4 章所指出的，热带气旋的活动主要取决于低纬度海表温度的分布。由于具有通量调整的耦合模式通常在没有热强迫的情况下保持海表温度的真实分布，因此非常适合热带气旋活动的短期预测。因此，维奇等人（Vecchi et al., 2014）发现通量调整方法可以有效地改善大西洋季节性飓风频率的预测，这并不奇怪。类似地，J. 曼伽内洛（J. Manganello）和 B. 黄（B. Huang）利用一个相对简单的随时间固定的热通量调整方案，大大改进了对南方涛动的回溯性预测（Manganello & Huang, 2009）。

如真锅淑郎和斯托弗 1997 年的研究结果（Manabe & Stouffer, 1997）所展示的那样，大西洋经向翻转环流（AMOC）的强度主要取决于海洋上层盐度和温度的水平分布。由于使用通量调整的耦合模式保持了这些变量的真实分布，因此它对于模拟 AMOC（Manabe & Stouffer, 1988）及多年代际振荡（Delworth et al., 1993）来说非常有用。也就是说，通量调整可能会有效地改善这种深层翻转环流的年代际预测及其对气候变化的多年代际时间尺度响应。

除此以外，人们愈发努力地对各种次网格尺度过程的参数化进行了改进，例如云微物理和海冰动力学。这些过程的参数化由于引入了许多额外的参数而变得细节众多。因此，很难调整这些参数使得关键变量（如温度、盐度和海冰厚度）的地理分布在海洋表面是真实的。我们希望，随着未来参数化的复杂性增加，上述通量调整方法依然可以用来对模式调整做补充。

全球变暖实验

真锅淑郎等人的全球变暖实验使用了耦合模式（Manabe et al., 1991、1992），以上述初始状态作为模拟开始时的状态，分别进行了两个时间积分实验。在对照实验中，大气二氧化碳浓度保持在 300ppmv 的固定值，得到的全球平均海表温度在实际观测值附近波动，几乎没有系统性变化趋势。这表明对通量进行调整能有效地防止模式出现系统性的温度偏差。与之相比，在全球变暖实验中，二氧化碳浓度以每年 1% 的速率复合增加，这恰好与进行本实验时混合良好的二氧化碳当量浓度温室气体的增加速率相似。图 8-6 中的黑色实线展示了耦合模式中全球平均地表温度是如何随着大气二氧化碳浓度的逐渐增高而增加的。到了第 70 年，当二氧化碳浓度较初始值翻了 1 倍时，温度上升了约 2.5℃。

正如本章开始所讨论的，由于表层混合层下的深海具有的热惯性，海洋表面的变暖不仅减少，而且有所延迟。为了评估响应减少的幅度和延迟的时间，图 8-6 将耦合模式的全球平均地表温度的时间依赖性响应与大气–混合层海洋模式的平衡响应进行了比较。虽然这两个模式的大气分量相同，但大气–混合层海洋模式的海洋分量没有深海层。相反，该模式使用了第 7 章中描述的 Q 通量技术，规定了混合层和深海之间的热交换，从而使海表温度和海冰厚度的地理分布更接近真实情况。二氧化碳浓度倍增实验中给定了相同的热通量，隐含地假设混合层和深海之间的热交换保持不变。虽然使用前面描述的耦合模式来估算平衡响应的效果更好，但使用大气–混合层海洋模式可以避免将耦合模式运行到准平衡的计算成本。由于采用 Q 通量技术，对照实验中海表温度和海冰厚度的分布都是接近实际情况的，这与使用通量调整的耦合模式相同。

大气–混合层海洋模式中全球平均地表温度对二氧化碳浓度增加到 2 倍时的平衡响应约为 3.9℃，这一数值远高于利用耦合模式得到的 2.5℃。在图 8-6 中，达到平衡响应的时刻为模式中的第 70 年（黑点所示），此时二氧化碳的浓度翻了 1 倍。在该图的原点和黑点之间绘制的一条虚线，隐含地假设平衡响应随着二氧化碳浓度以每年 1% 的复合速率呈指数增长而线性增加。这一假设是合理的，因为正如第 1 章所述，大气的温室效应与大气中二氧化碳浓度的对数成正比。虚线和实线之间的水平距离表示时间依赖性响应相对于平衡响应的滞后程度。如图所示，开始时滞后为零，但随着时间的推移逐渐增加。到了第 70 年，当二氧化碳浓度翻了 1 倍时，滞后时间约为 30 年。

这一结果意味着，随着热量进入海洋次表层的深层，海洋的有效热惯性逐渐增加，从而延缓了地表的变暖。

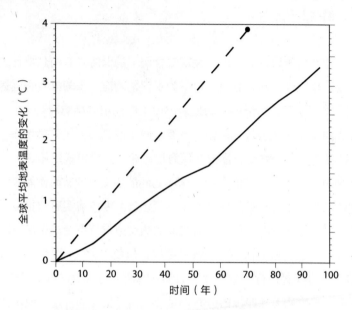

图 8-6　两种模式响应的对比

注：大气二氧化碳浓度以每年 1% 的复合速率逐渐增加时，耦合模式的全球平均地表温度（℃）的时间依赖性响应（实线）。黑点表示当大气二氧化碳浓度翻倍时，大气–混合层海洋模式的全球平均地表气温的平衡响应。连接图形原点和该点的虚线，可以近似地看作全球平均地表温度的平衡响应几乎随时间呈线性增长的趋势。

资料来源：Manabe et al., 1991。

目前为止，我们已经探讨了全球平均地表温度的时间依赖性响应。现在我们进一步探讨二氧化碳浓度翻倍时地表温度响应的地理分布。图 8-7a 显示，除威德尔海以北的一个非常小的区域温度略有下降外，几乎所有地方的地表空气温度都在上升。这与汉森等人（Hansen et al., 1988）得到的结果一致，即大陆的变暖程度大于海洋，这在北半球尤其明显，其原因是北半球的大陆表面积大于南半球。

　　该图最显著的特征之一是地表变暖幅度存在巨大的半球间不对称性。在北半球，变暖幅度随着纬度的增高而增大，在北冰洋达到最大值。相比之下，变暖幅度在南半球高纬度地区相对较小。正如第 5 章所讨论的，北半球高纬度地区的大幅变暖主要是由于海冰和积雪覆盖层向极地退缩，这些海冰和积雪覆盖层反射了大部分入射太阳辐射。此外，南半球高纬度地区变暖幅度小主要是由于热量的深度对流辐合，其不仅出现在南极海岸附近，而且也出现在南大洋的一个非常广阔的区域，我们将在本章后面对此进行讨论。上述地表气温变化的地理分布模态与 IPCC 第五次评估报告中使用的多模式集合平均的预测结果大致相似（Collins et al., 2013，图 12.41 左下角）。

　　可以将上述使用耦合模式获得的地表气温的时间依赖性响应的地理分布与用大气–混合层海洋模式得到的平衡响应的地理分布（见图 8-7b）进行比较。正如所预料的那样，时间依赖性响应小于平衡响应，这表明几乎在全球的各个地方，前者的变暖都落后于后者。然而值得注意的是，随着纬度的增高，两个半球地表气温的平衡响应都有所增加。这与时间依赖性响应中存在的明显的半球间不对称形成了鲜明对比。

　　如图 8-7 所示，北半球中高纬度地区变暖幅度的海陆差异不仅在时间依赖性响应中很明显，而且在平衡响应中也很明显。这表明该差异不仅可归因于海洋热惯性的延迟变暖，也可归因于其他因素。正如真锅淑郎等人（Manabe et al., 1992）所指出的，在季节循环的大部分时间里都存在着平衡响应中的海陆差异。

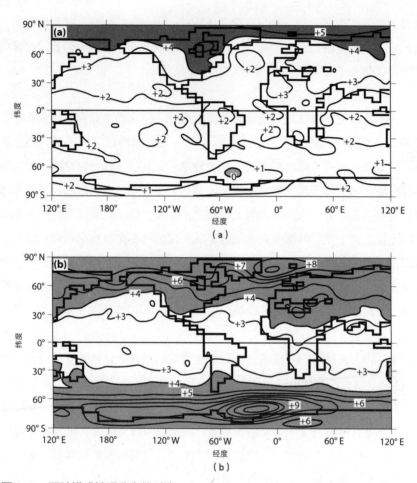

图 8-7 两种模式地理分布的对比

注：图（a），在全球变暖实验的第 70 年左右，当大气二氧化碳浓度翻倍时，耦合模式的地表气温变化的地理分布。图（b），大气–混合层海洋模式的地表气温在大气二氧化碳浓度翻倍时的平衡响应的地理分布。图（a）中的变化表示的是全球变暖过程的 20 年（第 60～80 年）平均地表气温与对照组获得的 100 年平均气温之间的差值，其中对照组中大气二氧化碳浓度保持在标准值（300ppmv）不变。注意，地表气温表示在模式差分最底层（约 70 米高度）处的温度，单位为℃。

资料来源：Manabe et al., 1991。

在冬季，积雪通常延伸到中纬度地区，大陆上的反照率反馈比海洋上的反照率反馈强得多，这是造成变暖幅度存在海陆差异的主要原因。在其他季节，海洋表面由于蒸发失去的热量比相对干燥的大陆上更显著，所以变暖幅度存在着类似的海陆差异。在耦合模式的时间依赖性响应中，海洋的热惯性也会造成延迟变暖，特别是在某些海洋区域，从而增强了变暖的海陆差异。

图 8-8 显示了上述时间依赖性响应与平衡响应之间比值的地理分布。在南大洋上一个宽广的纬圈带中，该比值小于 0.4，在南极洲海岸附近甚至降至 0.2 以下。这意味着，在南大洋，响应延迟（以下简称延迟）超过 40 年；在南极洲海岸附近，延迟超过 60 年。在格陵兰岛和欧洲西海岸之间的北大西洋北部，这一比值也小于 0.4，表明该处延迟超过 40 年。在世界其他的大陆和海洋上，这一比值约为 0.7～0.8，相当于 15～20 年的延迟。简而言之，南大洋和北大西洋北部的延迟比全球的平均延迟（约 30 年）长，而世界其他地区的延迟通常比全球平均延迟短。

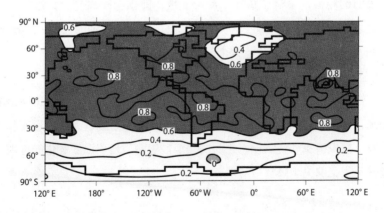

图 8-8　时间依赖性响应与平衡响应之比的地理分布

注：时间依赖性相应数据源自图 8-7a 的耦合模式的地表气温，平衡响应数据源自图 8-7b 的大气-混合层海洋模式的地表气温。

资料来源：Manabe et al., 1991。

可以将耦合模式（图 8-7a）中地表气温的时间依赖性响应与过去几十年中观测到的地表温度变化趋势（见彩图-1）进行比较。观测中的趋势是用 1991—2015 年这 25 年的平均地表温度相对于 30 年的基准期（1961—1990 年）平均温度的异常来确定的。由于已经通过时间平均的方式消除了短期波动，这些温度异常可以被视为过去半个世纪地表温度长期趋势的指标，在这一时期全球变暖最为明显（见图 1-1）。

虽然观测到的温度异常参差不齐，这在一定程度上是由采样限制造成的，但在全球大部分地区均为正值。这意味着在过去几十年里，几乎所有地方的地表温度都在上升。在北半球，欧亚大陆和北美大陆上的异常幅度相对较大，并且随着纬度的增高而增大。然而，在南大洋、极地至南纬 50° 区域的异常值很小，即同时具有正负值。这与北半球高纬度地区形成鲜明对比，那里的异常通常具有较大的正值。令人鼓舞的是，上述观测到的地表温度异常的地理分布样态类似于图 8-7a 所示的地表气温的时间依赖性响应。这两种模态的相似性强调了这样一种可能性，即耦合模式包含了控制全球变暖在地表大规模分布特征的基本物理过程。斯托弗和真锅淑郎（Stouffer & Manabe, 2017）进一步讨论了这个问题。

值得注意的是，这项研究使用的热强迫涉及温室气体二氧化碳当量浓度的增高，而忽略了其他强迫因素的变化，如人为气溶胶、太阳辐照度和火山气溶胶。模拟模态和观测模态之间的相似性表明，地表温度变化的地理分布可能并不完全取决于热强迫的模态。

这种反馈的半球间不对称性不仅表现在海表温度上，还表现在二氧化碳浓度翻倍时夏季海冰厚度的地理分布上（见图 8-9），即北冰洋及其周边地区的海冰面积和厚度都显著减少。

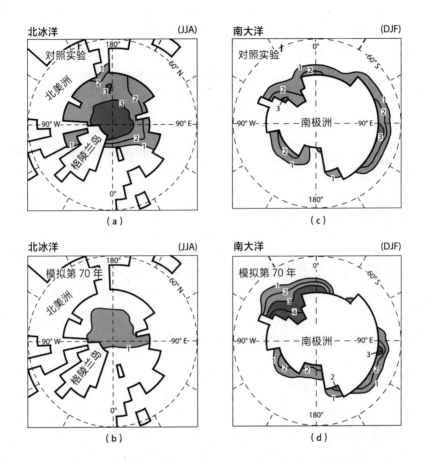

图 8-9　从全球变暖实验中获得的夏季海冰厚度（单位：m）的地理分布

注：图（a），北冰洋夏季 6 月、7 月和 8 月（JJA）期间，海冰的初始平均厚度。图（b），北冰洋夏季 6 月、7 月和 8 月期间，海冰模拟第 70 年平均厚度。图（c），南大洋夏季 12 月、1 月和 2 月（DJF）期间，海冰的初始平均厚度。图（d），南大洋夏季 12 月、1 月和 2 月期间，海冰模拟第 70 年平均厚度。初始厚度表示对照实验中 100 年间的平均值，其中二氧化碳浓度保持不变。模拟第 70 年的厚度表示当二氧化碳浓度以每年 1% 的复合速率增加时，全球变暖 20 年期间（第 60～80 年）的平均值。

资料来源：Manabe et al., 1992。

虽然这里没有给出图，但海冰厚度在冬季也会大幅减少。此外，在南大洋，威德尔海及其邻近海域的夏季海冰厚度和面积均增加，但在其他区域没有系统性变化。当冬季海冰向低纬度扩张时，也会发生类似的变化（图中未显示）。

从年平均来看，北冰洋和副极地海洋的海冰厚度和面积显著减少，而在南大洋，除了威德尔海和罗斯海的海冰厚度随着全球变暖而增加，其他地区几乎没有变化。模式模拟了海冰变化的南北半球间的不对称性，与本章前面描述的表面温度的南北半球间的不对称性大体一致。

在过去几十年中，两个半球的年平均海冰范围变化的差异很大，在此期间，已经有卫星微波传感器可以用来进行综合观测。大卫·G.沃恩（David G.Vaughan）等人（Vaughan et al., 2013）在IPCC第五次评估报告中给出了北极和南极地区年平均海冰范围的时间序列，结果如图8-10所示。

一方面，在北极地区，海冰的年平均范围以每10年3.8%的速率减少。而另一方面，在南极，海冰以每10年1.5%的速率增长。尽管位于南极半岛西部的别林斯高晋海和阿蒙森海的冰量有所减少，但其他海域的冰量都有所增加（Vaughan et al., 2013）。观测到的两个半球海冰范围长期趋势的差异与耦合模式的结果在定性上是一致的。

到目前为止，我们已经说明，在某些海洋区域，例如北大西洋北部和南大洋，地表空气温度的上升明显延迟。在本章的剩余部分，我们将根据真锅淑郎等人（Manabe et al., 1991、1992）进行的分析，尝试确定为什么这些地区的变暖会大大推迟。

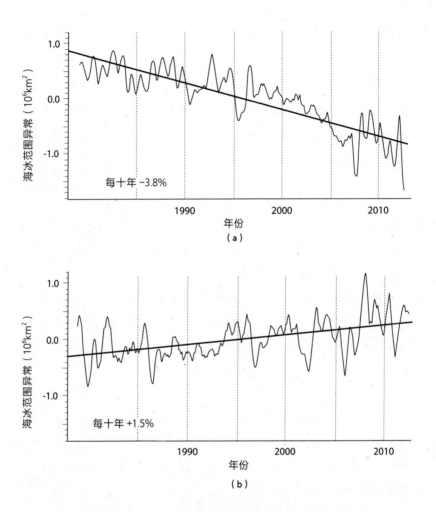

图 8-10 基于被动微波卫星数据观察到的南北极海冰趋势

注：图（a），北极海冰范围异常的时间序列。图（b），南极海冰范围异常的时间序列。数据表示相对整个时期（1980 —2005 年）平均值的异常，每极的线性趋势用粗线表示。

资料来源：Vaughan et al., 2013。

大西洋

在大西洋上层,咸而暖的海水向北流入冰岛附近,其在冬季被从加拿大和格陵兰岛向东输送的寒冷空气冷却。海水随着冷却而密度变大,引起深对流。因此,海水在格陵兰岛附近下沉,并在深海区域沿北美和南美东海岸向南移动。

华莱士·史密斯·布勒克(Wallace Smith Broecker)将上面这种全球范围的翻转环流称为"大洋输送带"(Broecker, 1991),图 8-11 是按照阿诺德·L. 戈登(Arnold L. Gordon)的研究绘制的示意图(Gordon, 1986)。

"大洋输送带"涉及的总水量约为 2 000 万 m^3/s 或 20Sv[①](海洋学家常使用的单位)。这一流量大约是世界所有河流总流量的 20 倍。大洋输送带将温暖的表层海水输送至北大西洋北部和北欧(如挪威海和格陵兰海),这在某种程度上维持了这两个区域相对温暖的气候。

正如真锅淑郎和斯托弗(Manabe & Stouffer, 1988、1999)指出的那样,耦合模式较好地模拟了上述 AMOC 的大尺度特征。由于深对流引起的热量垂直混合,在格陵兰岛附近狭窄的下沉区域,海洋的有效热惯性非常大,大大延缓了该区域海洋表面的变暖。

这就是在格陵兰岛东南海岸的海洋输送带下沉区域所在地,时间依赖性响应与平衡响应(见图 8-8)之比小于 0.4 的主要原因。

---

① $1Sv=10^6m^3/s$。——编者注

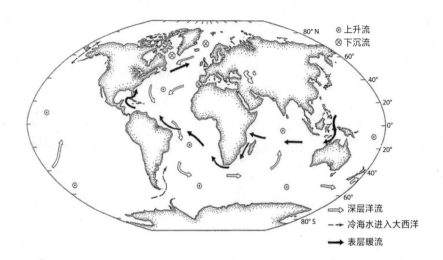

图 8-11　大洋输送带的全球分布

注: 实心箭头表示表层暖流流动的方向; 空心箭头指示深层洋流的流向。
由圆圈包围的叉号表示狭窄的下沉区域, 由圆圈包围的点表示宽阔的上升
流区域。

资料来源: Gordon et al., 1986。

　　除深层垂直混合之外, 还有其他因素导致北大西洋及其邻近地区的变暖
延迟。经向翻转环流的结构和强度可以通过使用大西洋区域的纬向平均流函
数来描述 (见图 8-12)。全球变暖实验开始时翻转环流的强度约为 17 Sv (见
图 8-12a), 略小于其观测值。到了第 70 年, 当二氧化碳浓度翻倍时, 它已
降至 12 Sv, 图 8-12b 中就没有 15 Sv 的等值线。由于翻转环流的减弱, 咸
而暖的近表层海水向下沉区域的输送减少。因此, 如图 8-8 所示, 不仅在输
送带的狭窄下沉区域 (时间依赖性响应与平衡响应之比小于 0.4) 变暖减弱,
而且在周围区域 (包括格陵兰岛东南部、拉布拉多岛、北欧和西欧) 变暖同
样减少, 其比值小于 0.6。

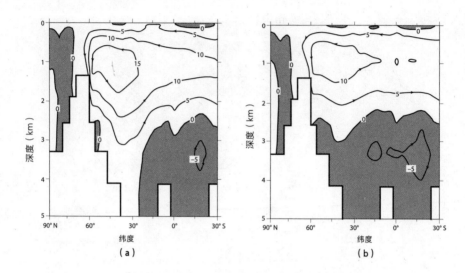

图 8-12　大西洋区域纬向平均的经向翻转环流的时间平均流函数

注：图（a），使用耦合模式进行的全球变暖实验初始翻转环流的时间平均流
函数；图（b），同模式下全球变暖实验第 70 年翻转环流的时间平均流函数。

资料来源：Manabe et al.,1991。

为了找到大洋输送带减弱的原因，真锅淑郎等人（Manabe et al., 1991）
对他们的全球变暖实验进行了详细分析。他们发现，大洋输送带的减弱主要
归因于北大西洋北部表面盐度的降低。如前所述，当全球变暖导致对流层温
度升高时，空气的绝对湿度会增加，从而增强温带气旋从副热带向高纬度方
向输送水汽的能力，这将在第 10 章中描述。向极地方向的水汽输送增加反
过来导致高纬度地区的降水量增加，并导致北冰洋以及北大西洋北部等周边
海洋的表面盐度降低。这一过程导致了密度较低的表层淡水覆盖了大洋输送
带的下沉区域，从而削弱了大西洋的翻转环流。

表层水密度的降低不仅是因为表层盐度的降低，还因为地表温度的升
高。虽然这两种变化都削弱了大洋输送带，但在本书的实验中，前者的影响

似乎比后者大得多。格雷戈里等人（Gregory et al., 2005）发现，在他们研究的大多数气候模式中，表面温度的变化至少会使大洋输送带减弱 20%。其余的减弱皆归因于表面盐度的变化。他们认为，淡水供应的变化及其对表面盐度的影响在不同的模式之间有很大的差异，这些差异是造成模式间减弱程度有较大不同的原因之一。

到目前为止，对大西洋翻转环流系统性减弱的观测证据还没有定论。正如德尔沃斯等人（Delworth et al., 1993）所指出的，耦合模式中翻转环流的强度存在几十年时间尺度上的振荡。这也是在 J. 海伍德（J.Haywood）等人（Haywood et al., 1997）利用本书提到的耦合模式进行的全球变暖实验中，翻转环流强度直到 2000 年才出现明显下降趋势的一个重要原因。L. 恺撒（L. Caesar）等人（Caesar et al., 2018）近期开展了一项研究，他们通过对观测到的海表温度使用"指纹"方法，推断出自 20 世纪中叶以来翻转环流的强度降低了 15%。为了更直接地检验翻转环流强度的长期趋势，需要在十年到百年的时间尺度上监测翻转环流的各种表现。

这里描述的全球变暖实验还被积分到了数百年和数千年的时间尺度（Manabe & Stouffer, 1994）。研究发现，随着全球变暖的持续，AMOC 的强度在多个世纪的时间尺度上有所不同。真锅淑郎和斯托弗在 1993 年和 2003 年（Manabe & Stouffer, 1993、2003）围绕这一主题进行了更多的分析。关于翻转环流在气候变化中的作用可以参照真锅淑郎和斯托弗在 1999 年（Manabe & Stouffer, 1999）以此为主题发表的综述文章。

南大洋

南大洋指全世界海洋上最南端的水域，环绕着南极大陆。在南纬 60° 左右，这片海洋通过德雷克海峡沿纬圈纬向连接，在强西风的作用下，维持着强烈的向东洋流和深层经向翻转环流。阿德里安·吉尔（Adrian Gill）和布莱恩的论文（Gill & Bryan, 1971）论证了深层翻转环流圈是如何在海洋中维持的，从而在表层和底层深海之间提供异常强的耦合。在一级近似下，洋流沿着等压线流动，在科里奥利力和气压梯度力的作用下维持地转平衡。打破这一平衡的最重要区域是海表混合层，在这个区域内，风施加的应力通过湍流重新分布，从而科里奥利力、气压梯度力和表面风应力实现三者平衡。正如赫尔德（Held, 1993）绘制的图（见图 8-13）所示，海洋近表层的纬向平均风应力必须通过施加在非地转的向北漂流上的科里奥利力平衡。此外，在深海中形成向南的地转回流，作用在该回流上的科里奥利力由海底地形的压力差补偿。

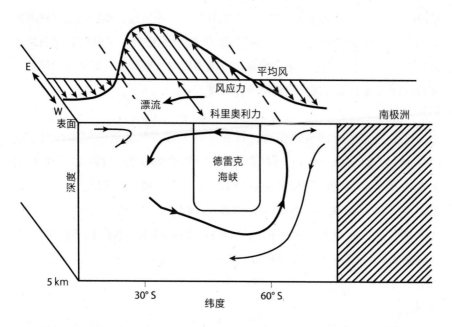

图 8-13　南半球盛行地面风和德雷克海峡的纬向平均翻转环流的示意图
资料来源：Held, 1993。

如果绕极流被经向障碍物中断，则向南的回流将在近表层中发展。在近表层中，作用于回流的科里奥利力将由地形壁两侧的纬向气压梯度力平衡。因此，这里将维持一个浅层翻转环流圈，就像在被大陆隔断的副热带海洋中一样。如果要维持一个深层翻转环流圈，海洋就必须要呈带状连接，就像南大洋穿过德雷克海峡一样。

图 8-14 显示了从耦合模式的对照实验中获得的纬向平均翻转环流。在该图中，我们可以看到一个深层翻转环流，在南极绕极流的南侧约南纬 60°处上升，在其北侧约南纬 40° 处下沉。一方面，在绕极流北侧，表面西风向北减弱，并诱发向北的漂流，在海洋表面海水辐合下沉。另一方面，在绕极流南侧上方，西风带向北增强，并导致漂流在海洋表面辐散，使得海水上翻。因此，地表西风带推动了一个深层翻转环流，这通常被称为"迪肯环流"（Deacon, 1937）。从纬度–深度剖面来看，它是一个逆时针环流。在迪肯环流向极地方向，在盛行的东风之下存在一个顺时针方向的翻转环流圈，在南极海岸附近下沉。深层翻转环流与深对流具有协同关系，我们将在后文中对其进行描述。

在南大洋的上升流区域，薄海冰在冬季形成并迅速增长，因为它在寒冷的空气之下辐散，通过盐水的盐析作用，在海洋表面产生小块的冷而咸的海水。由于其密度更大，即使海洋层结是比较稳定的，这些小块海水也会发生下沉，从而引发深层对流。同时，由风驱动的上升流阻止了咸的冷海水在海洋深层的持续积累，这有助于维持深对流。总之，上升流在维持该地区的深对流中起着至关重要的作用。

在南大洋，深对流不仅在上述南纬 60° 左右的上升流区占主导地位，而且在南纬 75° 左右的威德尔海和罗斯海沿岸地区占主导地位。在那里，与海冰形成有关的盐析作用也会在海洋表面产生密度较大的海水。这种高密度的

海水也会下沉并向北移动。除上述深对流下沉外，在海洋表层和底层的动量
交换也有助于翻转。由于深对流，南大洋大部分地区的海水存在更深层的混
合。这就像下文将描述的那样，是变暖不仅在南纬 60° 左右的上升流区、也
在南纬 75° 左右的下沉区深入渗透的主要原因。

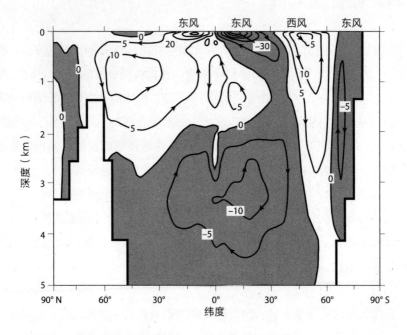

图 8-14 整个海盆纬向平均年平均翻转环流的流函数

注：盛行地面风的方向如图顶部所示，单位为 Sv。

资料来源：Manabe et al., 1991。

图 8-15 显示了在全球变暖实验第 70 年时，大气中的二氧化碳浓度翻倍
时，耦合模式的纬向平均温度的变化。如图所示，正温度异常出现在南纬 60°
和南纬 75° 左右的南极海洋以及北大西洋北部。在这些以深对流为主的海洋区
域，海洋的有效热惯性非常大，这在很大程度上是由于热量的深层垂直混合。
因此，如图 8-8 所示，在这些地区，海洋表面的变暖程度大大降低。

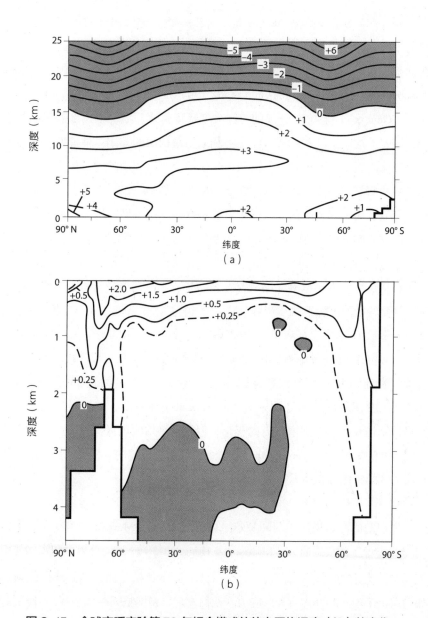

图 8-15 全球变暖实验第 70 年耦合模式的纬向平均温度（℃）的变化

资料来源：Manabe et al., 1991。

南大洋活跃的环流模态之一是中尺度涡旋。这些涡旋的尺度太小，一般为10～100千米，无法在本书提出的耦合模式中显式处理。然而，它们在流经德雷克海峡的绕极洋流中非常活跃。戈汗·达纳巴索格鲁（Gokhan Danabasoglu）等人（Danabasoglu et al., 1994）利用彼得·金特（Peter Gent）等人（Gent et al., 1995）开发的海洋大气环流模式，结合中尺度涡旋的参数化，探究了这些涡旋在维持海洋热力和动力结构中的作用。他们发现，中尺度涡旋在垂直方向上重新分配动量，产生一个与风驱动的迪肯环流方向相反的平均经向翻转环流。这两部分在实验中相互抵消，没有产生剩余环流。他们的研究表明，在实际的南大洋中可能不存在深层翻转环流，这使人们严重怀疑南纬60°左右的绕极地海洋中是否也存在着深层翻转环流。

自从达纳巴索格鲁等人的研究发表以来，又有几项最新研究表明，这两部分环流的抵消可能不像其结果中显示的那样"严丝合缝"。C. C. 亨尼西（C. C. Henning）和杰夫·瓦利斯（Geoff Vallis）分析了网格间距为20千米的高分辨率海洋模式（Henning & Vallis, 2005），这样的高分辨率可以显式表示中尺度涡旋。他们发现涡旋诱导的环流圈远远弱于模式中风驱动的迪肯环流。R. H. 卡斯腾（R. H. Karsten）和J. 马歇尔（J. Marshall）还发现，尽管涡旋诱导的翻转环流和迪肯环流在观测中方向相反，但剩余平均流可以保持在迪肯环流的$1/3 \sim 1/2$的幅度（Karsten & Marshall, 2002）。根据他们的分析，他们认为剩余环流为零的条件可能并不完全适用于真实的海洋。

他们的研究结果似乎与阿黛尔·莫里森（Adele Morrison）和A. M. 霍格（A. M. Hogg）的模式研究（Morrison & Hogg, 2013）一致。莫里森和霍格使用不同网格大小的海洋模式（$\frac{1}{4}°$，$\frac{1}{8}°$，$\frac{1}{12}°$，$\frac{1}{16}°$）评估了涡旋诱导环流的强度如何取决于模式的分辨率和风应力。他们发现，将网格间距减小到$\frac{1}{12}°$以下对涡旋诱导环流的强度几乎没有影响，这表明$\frac{1}{12}°$的分辨率足以解析南大洋的中尺度涡旋。在$\frac{1}{12}°$模式中采用在南大洋观测到的典型风应力结果，可以发现涡旋诱导环流的强度约为迪肯环流强度的 40%，其余的 60% 为剩余环流。这些研究表明，尽管风驱动的环流和涡旋诱导的环流之间存在补偿，但南大洋仍存在着深层翻转环流。

为了评估耦合模式在模拟深对流混合中的性能，K. W. 狄克森（K. W. Dixon）等人（Dixon et al., 1996）尝试使用耦合模式模拟 20 世纪末 CFC-11（一氟三氯甲烷，CCl_3F）在南大洋向下传输的过程。图 8-16 比较了在约 0° 经度的大西洋巡航航线上 CFC-11 的模拟和观测变化。结果表明，耦合模式较好地模拟了 20 世纪观测到的 CFC-11 向极地南纬 50° 的渗透过程。令人鼓舞的是，该模式不仅成功地模拟了 CFC-11 在 0° 经度的深层渗透，而且还模拟了在其他经度的深层传输，这表明耦合模式的南极绕极流南侧以深对流混合为主。

IPCC 第五次评估报告中使用的大多数大气－海洋－陆地耦合模式，都纳入了各种对于中尺度涡旋的参数化方案，例如金特等人（Gent et al., 1995）开发的中尺度涡旋参数化方案。然而，参数化方案的具体细节因模式而异。但令人鼓舞的是，在南大洋，预测的多模式平均地表温度变化都相对较小[如（Collins et al., 2013）中的图 12.40，左下图所示]，这与本书介绍的全球变暖实验结果一致。

总之，这里介绍的全球变暖实验中，南大洋表面气温的变化非常小，这主要归因于海洋的巨大热惯性。这大大延迟了表面温度对大气二氧化碳浓度逐渐增高的响应。如本章所述，深对流不仅在南极海岸附近占主导地位，而且在南大洋南纬 60° 左右也占主导地位。在南大洋南纬 60° 左右，洋流沿着纬圈呈现纬向连续特征，这大大增加了热惯性。在北半球占主导地位的极地放大效应在南大洋几乎不存在，这与观测结果一致。

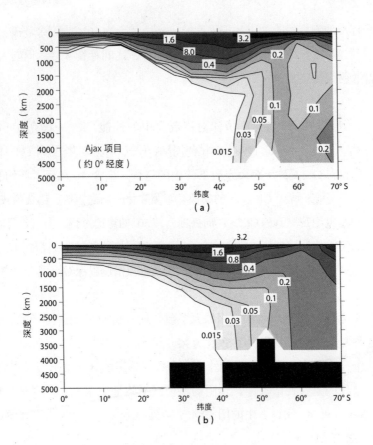

图 8-16　Ajax 项目沿本初子午线的巡航航线上的 CFC-11 浓度

注：图（a），1983 年 10 月和 1984 年 1 月测量；图（b），耦合模式模拟。

资料来源：Weiss et al.,1990；Dixon et al., 1996。

第 9 章

寒冷的气候与海洋
深层水的形成

BEYOND

GLOBAL

WARMING

在前一章中，我们研究了大气二氧化碳浓度逐渐增高所导致的瞬态气候响应。在本章中，基于斯托弗和真锅淑郎的研究，我们讨论在足够长的时间内，大气二氧化碳浓度的剧烈变化造成的总气候平衡响应（Stouffer & Manabe, 2003）。虽然我们在前一章中讨论了二氧化碳浓度翻倍时的平衡响应，但这一讨论是基于大气–混合层海洋模式的结果。在该模式中，假设了表层和深海之间的热交换保持恒定。在这里，我们使用耦合模式[①] 探讨了深海在气候平衡响应中的作用，其中明确纳入了表层和深海之间的热交换。如下所述，对耦合模式进行了 4 次长时间的积分模拟。

从上一章讨论的实际初始状态开始，对耦合模式进行了至少数千年的时间积分，这么长的时间足以使深海温度稳定下来。对照实验的积分是在大气二氧化碳浓度保持在 300ppmv 的标准值（1×C 组）的情况下运算的。在 2×C 组和 4×C 组的积分中，二氧化碳浓度最初以每年 1% 的速率增加，然后分别固定到标准值的 2 倍和 4 倍。½×C 组积分中的二氧化碳浓度最初以

---

① 本章依旧将大气–海洋耦合模式简称为耦合模式。——译者注

-1% / 年的复合速率变化，但随后保持不变并固定为标准值的一半。图 9-1
描述了这 4 次积分中二氧化碳浓度随时间变化的情况。对照组的时间积分持
续超过 15 000 年，其中 2×C 组的时间积分超过 4 000 年，4×C 组和 ½×C
组的时间积分都超过 5 000 年。

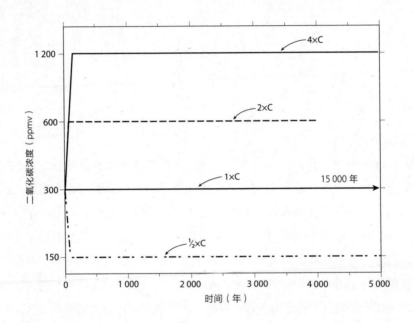

图 9-1　耦合模式模拟中给定的大气二氧化碳浓度（ppmv；对数尺度）
的时间变化

　　在所有的 4 次积分计算过程结束时，深度为 3 千米的全球平均海洋温度
达到稳定，几乎不再变化，这表明模式的深海接近热平衡状态（见图 9-2）。4
次积分计算结束时的深海温度分别如下：4×C 组为 6.5℃、2×C 组为 4.5℃、
1×C 组为 1℃，½×C 组为 -2℃（即海水在海洋表面的冰点）。 在 ½×C 组
做积分计算时，一个值得注意的方面是，由于深海被稠密、寒冷和盐度较高
的海水占据，因此，深海的温度比其他运算实验更早达到稳定。本章的分析

是基于耦合模式在每次积分最后 100 年的平均状态得出的。

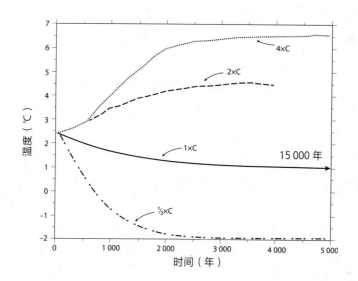

图 9-2　3 千米深度处的全球平均深水温度随时间的变化

　　如第 1 章所述，大气温室效应与空气中二氧化碳浓度的对数近似成正比。这意味着，尽管二氧化碳浓度的变化幅度彼此相差很大，但二氧化碳浓度倍增所产生的热强迫大致相同，也就是说，二氧化碳浓度无论从 150ppmv 倍增到 300ppmv，还是从 300ppmv 倍增到 600ppmv，甚至是从 600 到 1 200ppmv，其产生的热强迫作用基本不变。然而，表 9-1 表明，½×C 组和 1×C 组之间的表面温度差异为 7.8℃，远大于 1×C 组和 2×C 组之间的 4.4℃差异，后者又大于 2×C 组和 4×C 组之间的 3.5℃差异。简而言之，地表温度对二氧化碳浓度倍增的平衡响应随着地表温度的升高而降低，这主要是因为积雪和海冰的反照率反馈强度随气候变暖而降低（见第 5 章）。

表9-1 耦合模式平衡时的全球平均地表气温

时间积分模拟组别	½×C	1×C	2×C	4×C
全球平均地表气温℃	3.25	11.05	15.45	18.95

注：4次时间积分实验在过去100年的平均温度。

图9-3a显示了通过4次积分获得的纬向平均地表气温的经向廓线。

　　为了便于仔细检查，图9-3b显示了对照组和其他对照组之间的差异。一般来说，温度的差异从低纬度向高纬度逐渐增加。在高纬度地区，积雪和海冰的反照率反馈占主导地位。特别值得注意的是，在南纬60°左右，对照组1×C和½×C组在南大洋的地表空气温度差异很大。这种大幅度的冷却的原因在很大程度上在于南大洋在½×C组中有非常广泛的常年海冰。接下来，我们将描述½×C组模拟中的海洋结构与高二氧化碳浓度模拟中的海洋结构之间的差异。

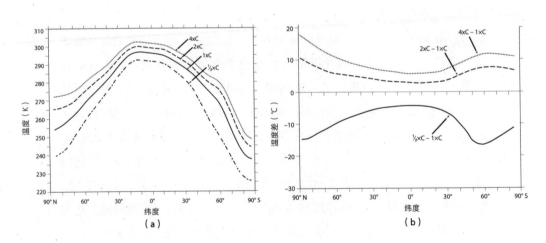

图9-3 不同时间积分下纬向平均地表气温的经向廓线及对照

图 9-4a 显示了通过 ½×C 组模拟获得的纬向平均温度的纬度-深度剖面。海洋深层充满了深厚的高密度冷水，并在南北两个半球的高纬度海洋表面露出水面。该层的大部分温度几乎为等温，接近-2℃，即海洋表面海水的冰点，这远低于1×C 对照组模拟的3千米深度以下约为1.5℃的深水温度。将图 9-4a 与图 9-4b 中模拟的剖面进行对比，可以发现 ½×C 组模拟的冰冷深水层要更厚。½×C 组海洋的温度剖面与图 9-4b 所示的 1×C 对照组模拟的结果截然不同。例如，在 ½×C 组模拟的海洋中，温跃层较浅且冰冷的底层水较厚。虽然这里没有显示，但深层水的盐度很高，特别是在南半球高纬度地区。上述深厚的冷水和高盐度深层水的形成主要归因于南大洋中占主导地位的深对流，在冬季这种深对流会在海洋表面迅速形成海冰，最后通过盐析作用产生小块又咸又冷的海水。尽管如第 8 章所述，在 1×C 组实验中也有类似的过程，但其深水形成的速度要小得多。

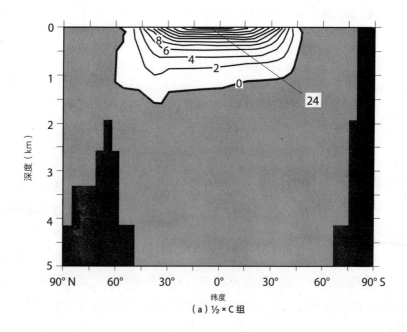

（a）½×C 组

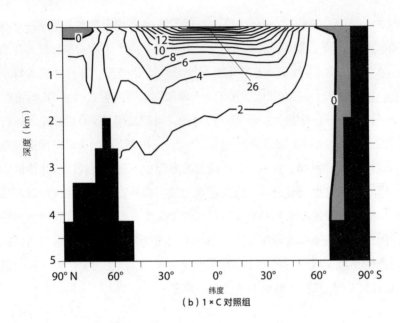

（b）1×C 对照组

图 9-4　纬向平均温度的纬度-深度分布

　　½×C 组模拟的海洋的特点是不仅有深厚的又冷又咸的深层水，而且有非常广泛和深厚的常年海冰，并在南大洋延伸至约南纬 50°（见图 9-5）。

　　这与对照组形成对比，对照组的海冰覆盖率存在较大的季节变化，夏季海冰很少（见图 8-9）。反照率反馈在维持这种大范围海冰覆盖方面起着重要作用，但另一个重要因素是强烈西风驱动深层冷水上涌，这要远强于 1×C 试对照组中的结果。当这些寒冷的深层水上涌并到达表面时，它会在海表寒冷空气的影响下迅速冻结。盐析作用产生冷盐水，导致深厚的对流混合。冷水上升流和深对流的结合阻止了春季海冰向极地退缩，并导致又厚又广的海冰覆盖层的形成。简而言之，½×C 组模拟的南大洋可以被描述为一台"巨大的海冰制造机"，它也能在世界海洋中产生温度接近冰点的又冷又咸的深层水。

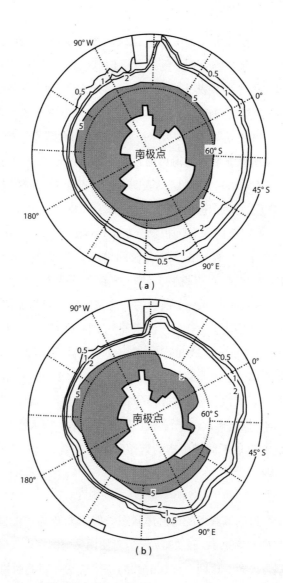

（a）

（b）

图 9-5　½×C 组得到的不同季节的平均海冰厚度

注：图（a），从 ½×C 组得到的 6 月至 8 月（JJA）季节平均海冰厚度（单位：米）的地理分布。图（b），从 ½×C 组得到的 12 月至 2 月（DJF）季节平均海冰厚度（单位：米）的地理分布。

在 ½×C 组的模拟中，大气二氧化碳浓度是 1×C 对照组模拟的一半。根据对南极冰盖中气泡的分析（例如，Neftel et al., 1982），二氧化碳的减少量远高于从末次盛冰期到前工业化时期二氧化碳当量浓度的温室气体减少量。尽管在 ½×C 组的模拟中存在较大的温室气体强迫，但丹尼尔·施拉格（Daniel Schrag）和杰斯阿德金斯（Jess Adkins）对孔隙水进行的同位素和化学分析表明，末次盛冰期的深海可能也存在温度接近冰点的冷咸水（Schrag et al., 2002；Adkins et al., 2002）。这表明，类似于 ½×C 组模拟中的深水形成机制可能在末次盛冰期起作用。根据 D. W. 库克（D. W. Cooke）和詹姆斯·海斯（James Hays）进行的深海沉积物分析（Cooke & Hays, 1982），在末次盛冰期，除夏季之外，一年中的大部分时间里南大洋都被海冰覆盖（Crosta et al., 1998）。因此，我们可以推测，如同 B. B. 斯蒂芬斯（B. B. Stephens）和拉尔夫·基林（Ralph Keeling）所说的，非常广阔的厚海冰覆盖了末次盛冰期的南大洋，严重限制了主要的 "深水通气" 区域从海洋到大气的二氧化碳通量（Stephens & Keeling, 2000）。由于海洋表面被海冰覆盖，以及在接近冰点的深厚的海水层中二氧化碳的溶解度上升，深水很可能溶解并封存了大量的碳，从而减少了大气中碳的总量。同时，尼古拉斯·沙克尔顿（Nicholas Shackleton）等人也指出，由于深水上升流的加剧，南大洋上层的营养物质供应增加，从而促进了海洋生物的繁殖和大气二氧化碳的减少（Shackleton et al., 1983、1992）。

通过 ½×C 组模拟获得的南大洋状态类似于 S. 希恩（S. Shin）等人模拟的末次盛冰期状态（Shin et al., 2003），后者使用美国国家大气研究中心开发的大气-海洋耦合模式。这两个模拟的共同特征包括强烈的西风带、大范围的海冰、又冷又咸的深水的形成。南大洋这两种状态之间的相似性表明，大气二氧化碳浓度降低对南半球末次盛冰期大气-海洋耦合系统的状态具有关键影响，这与北半球形成了对比。在布罗科利和真锅淑郎的研究中，北半球区域大陆冰盖对末次盛冰期的气候具有主导作用（Broccoli & Manabe, 1987）。

如第 7 章所述，布罗科利尝试使用大气 / 混合海洋模式的改进版本模拟末次盛冰期的海洋表面状况（Broccoli, 2000），其中给定了海洋混合层和下层之间的热交换。尽管该模式很好地模拟了冰期-间冰期的海平面温度差异，与 CLIMAP 的重建值接近，但它低估了南纬 40° 以南的南大洋区域的差异（见图 7-6）。这种差异可能至少有一部分是由于在末次盛冰期的模拟中，模式没有将南大洋中接近冰点的冷深水的上升流与深对流混合结合起来。

在本章中，我们阐述了一个缓慢却重要的反馈过程，它可能在冰川气候的发展中起到非常重要的作用。该过程发生于南大洋，不仅涉及大范围海冰的反照率反馈，还涉及其他过程，如深海冷水的上升流、海表面海水的快速冻结和盐析作用、深对流、深海中冷咸水的形成。如上所述，深海沉积物的同位素和化学分析表明，在末次盛冰期也存在着非常深厚、寒冷、高盐度的深层水，以及大范围的海冰，它们在使大气二氧化碳浓度保持较低水平和维持寒冷的冰期气候方面发挥了至关重要的作用。

第 10 章

全球水资源供应的变化：
加速的水循环

B E Y O N D

G LOBAL

W ARMING

水循环的加速

全球变暖不仅导致温度的变化,还导致蒸发和降水量的变化。如第 1 章所述,如果大气中温室气体的浓度增高,地表的向下长波辐射通量也会增加。根据热力学克劳修斯-克拉珀龙方程,温度越高饱和水汽压越大,因此,随着表面温度的升高,表面的蒸发加强。蒸发量的增加反过来又导致降水量的增加,从而加速了整个地球的水循环。

真锅淑郎和韦瑟尔德首次尝试评估全球变暖对水循环的影响(Manabe & Wetherald,1975)。他们使用的是像第 5 章所述的简单的三维大气环流模式,其地理分布高度理想化。在数值实验中,通过设置对照实验和敏感度实验测试气候的平衡响应,这两组分别设定二氧化碳为标准浓度和 2 倍浓度。在每次积分的最后,每个实验的全球平均降水量等于蒸发量,满足地表和大气中的水平衡。其中对照组的全球平均降水量(蒸发量)为 93 厘米 / 年,敏感度实验的全球平均降水量(蒸发量)为 100 厘米 / 年。这意味着在大气二氧化碳浓度翻倍的情况下,该模式的水循环增加了约 7.4%。考虑到二氧化碳浓度翻倍导致的变暖与太阳辐照度增加 2% 所导致的变暖相似（见第 5 章），这种水循环加强的幅度可能比预期的要大。在变暖与入射太阳辐射仅增加 2% 相当的模拟中，水循环为什么加强了 7.4%？为了回答这个问题，我们接下来检查一下地表的平均热收支（见表 10-1）。

表 10-1　地表的平均热收支

数据类型	对照组	2 × CO$_2$	变化量（%）
净向下辐射通量（DSX–ULX）	102.6	106.1	+3.5（+3.4%）
净向下太阳辐射通量（DSX）	166.0	165.3	−0.7（−0.4%）
净向上长波辐射通量（ULX）	63.5	59.3	−4.2（−6.6%）
净向上热通量（LH+SH）	102.6	106.1	+3.5（+3.4%）
蒸发潜热通量（LH）	75.4	81.0	+5.6（+7.4%）
感热通量（SH）	27.2	25.1	−2.1（−7.7%）

注：第 5 章所述的简单的大气环流模式中的热收支。单位为 W/m^2。

资料来源：Manabe & Wetherald（1975）。

在该模式的假设中，地表没有热容量。因此，净向下太阳辐射通量和净向下长波辐射通量与感热和蒸发潜热的净向上通量之间需要保持热平衡。表 10-1 显示，大气二氧化碳浓度翻倍后，净向下辐射通量增加了 3.4%，这主要是由于向下长波辐射通量的增加。此外，净向上热通量也等量增加。因此，地表通过向上的热通量，将它接收到的所有辐射能送回对流层。蒸发潜热的向上通量增加了 7.4%（5.6W/m^2），感热通量下降了 7.7%（2.1W/m^2）。由于这些变化之间的部分补偿，净向上的热通量增加了 3.4%（或 3.5W/m^2），这等于净向下辐射通量增加的百分比，从而维持了地表的热平衡。综上所述，尽管净向下的辐射通量只增加了 3.4%，但蒸发潜热通量增加了 7.4%。为什么蒸发潜热通量没有成比例地增加？

　　根据克劳修斯-克拉珀龙方程，空气中饱和水汽压随温度升高而加速增加。这意味着饱和表面（例如海洋表面）上的大气水汽压随表面温度的线性增高而以非线性增加。因此，随着温度增高，通过蒸发来释放地表的热量要比通过感热容易得多，这是蒸发量增加 7.4% 的重要原因。蒸发潜热通量增加加速了水循环，而此时感热通量却减少了 7.7%（见表 10-1）。

　　如第 5 章所述，由于大气二氧化碳浓度翻倍，模式的平均地表温度增高了 2.9℃。考虑到蒸发和降水的平均速率都增加了 7.4%，这意味着平均地表温度每增高 1℃，水循环就会增强 2.6%。由此可以得到模式的水文敏感度，并与其他最新模式的水文敏感度进行比较。M. R. 艾伦（M. R. Allen）和 W. J. 英格拉姆（W. J. Ingram）估算了 IPCC 第三次评估报告中使用的模式的平均水文敏感度（Allen & Ingram, 2002）。他们发现表面温度每升高 1℃，全球平均降水量就会增加约 3.4%。根据赫尔德和索登的估算，IPCC 第四次评估报告中使用的大气-海洋耦合模式集的水文敏感度为每升温 1℃增加 2%（Held & Soden, 2006）。真锅淑郎和韦瑟尔德使用的模式的水文敏感度为每升温 1℃增加 2.6%，结果恰好在这两次 IPCC 评报告所使用的两套更新的模式的平均敏感度之间（Manabe & Wetherald, 1975）。

　　到目前为止，我们已经讨论了在全球变暖情况下模式所模拟的降水和蒸发的区域平均的变化。如真锅淑郎和韦瑟尔德对早期研究的回顾所示，这些变化在空间上并不一致（Manabe & Wetherald, 1985）。这在很大程度上归因于大尺度大气环流对水汽水平输送的变化。当对流层温度随着温室气体浓度的增高而增高时，空气的绝对湿度也会增加。这主要是由于饱和水汽压随着温度的升高而增加。绝对湿度的增加反过来又增强了大气环流对水汽的输送。这就是全球变暖导致降水量和蒸发量之间差异的空间分布发生变化的重要原因。差异的空间分布发生变化改变了大陆表面的可用水资源量。

在本章的其余部分，我们将介绍降水和蒸发的分布如何响应大气二氧化碳浓度翻倍和增至4倍时的变化，从而影响大陆表面河流流量和土壤湿度的空间分布。分析基于20世纪90年代末开展的两组耦合模式（见第8章）的数值实验。第一组数值实验模拟了21世纪中叶可能出现的降水和蒸发分布的变化，以及相关的水资源可利用量的变化。例如河流流量和土壤湿度，届时温室气体的二氧化碳当量浓度很可能翻了一倍。第二组数值实验模拟了温室气体的二氧化碳当量浓度增至4倍时的变化。通过比较这两组实验的结果，我们想尝试确定这两种情形下共有的变化，并阐明控制这些变化的物理机制。

数值实验

用于本研究的大气-海洋-陆地耦合模式由大气和海洋的全球环流模式以及一个包含大陆上热量和水分收支的简单陆面模式组成。它类似于第8章中描述的耦合模式，只是网格大小减半，从约500千米到约250千米，这是为了更好地模拟降水的地理分布。关于大陆表面每个网格点中的水分收支，模式将每个网格点简化为一个"水桶"，在全球范围内每个"水桶"具有15厘米的固定持水能力，代表对土壤根部区域积分的田间持水量与枯萎点之间的差异（Manabe，1969）。蒸发量是土壤湿度和潜在蒸发量的函数，它是在假定地表水饱和的情况下计算得到的（Milly，1992）。当"水桶"的预计含水量超过其容量时，多余的水都会转化为径流，然后在流域汇合，并沿各个河口流入海洋。

彩图-2a为对照实验中的平均年降水量的地理分布，其中二氧化碳浓度固定在300ppmv的标准值。作为比较，彩图-2b为实际观测中的分布（Legates & Willmott，1990）。对比两者，可以看到耦合模式很好地模拟出了降水的大尺度分布。例如，该模式合理地模拟了热带西太平洋、热带非洲和南美洲亚马孙流域的强降水区域，以及副热带海洋上空、澳大利亚、南非、北美洲大平原和中亚的降水稀少的区域。进一步对比表明，该模式大大低估了热带海洋上的降水量。一方面，这可能是由于该模式还不能很好地模拟强热带风暴，这些风暴会优先在海洋上空产生强降水；另一方面，可能是由于海洋降水模拟偏少，该模式高估了热带大陆上的降水量。

利用该模式，韦瑟尔德和真锅淑郎进行了一系列数值实验，其中都将逐渐增高的温室气体二氧化碳当量浓度输入模式（Wetherald & Manabe, 2002）。这里使用的温室气体二氧化碳当量浓度的时间变化大致符合 IPCC（1992 年）的 IS92a 情景，这在图 10-1 中用实线表示。如图 10-1 所示，在 1990 年之前二氧化碳浓度加速上升，之后以每年 1% 的速率稳定增高（复合增长），到 21 世纪中叶的时候浓度翻了一倍。这条二氧化碳浓度增长曲线位于 IPCC（2001 年）构建的《排放情景特别报告》中提出的各排放情景的中间范围。硫酸盐气溶胶会散射入射的太阳辐射并部分抵消温室气体浓度增高造成的变暖效应。模式根据海伍德等人的研究，设定了气溶胶的各项效应（Haywood et al., 1997）。在数值实验的模拟时间范围内，即 1865—2090 年期间，使用的硫酸盐气溶胶浓度是通过估算和预测给定的。

从对照实验中随机提取出略有不同的初始状态，将上述数值实验重复 8 次，从而产生具有相同辐射强迫的模拟集合。通过对这 8 个集合成员的模式结果求平均，可以得到 2035—2065 年的 30 年集合平均值。这一方法大大减少了自然的年际和年代际变化的影响，这些自然的年际和年代际变化对水文气候有重要影响。二氧化碳浓度翻倍的影响可以看作敏感度实验与对照实验之间的差值，其中敏感度实验为在二氧化碳浓度翻倍的情形下，以 2050 年为中心的模式结果的 30 年总体平均值，对照实验（1×C）为二氧化碳浓度保持在标准值不变时，模式结果的 100 年平均值。

除了上述的数值实验，真锅淑郎等人还进行了另一个数值实验（Manabe et al., 2004a），在其中进一步增加二氧化碳的浓度。这一实验设计由真锅淑郎和斯托弗首次提出并使用（Manabe & Stouffer, 1993、1994），其灵感来自詹姆斯·沃克（James Walker）和詹姆斯·卡斯廷（James Kasting）的工作（Walker & Kasting, 1992）。他们推测，除非化石燃料的使用显著减少，否则大气中的二氧化碳浓度可能会在几个世纪内增加 3～6 倍。如图 10-1 中宽灰线所示，在这个实验中，温室气体的二氧化碳当量浓度以每年 1% 的速率复合增加，达到 4 倍初始值（初始值即对照实验中的值）之后浓度保持不变。基于这一设想，到 22 世纪早期，二氧化碳当量浓度将增至 4 倍。由于加强了对二氧化硫的排放控制，在 100 年的时间尺度上，人为气溶胶的影响可能相对较小，因此本实验没有包括人为气溶胶的影响。为了减少在年际和年代际时间尺度上自然变率的影响，对实验的第 200～300 年的 100 年的模式输出结果进行了平均，用其平均值与对照实验的多世纪平均值之间的差异来估算二氧化碳浓度增至 4 倍时的影响，其中对照实验的二氧化碳浓度固定在标准值（300ppmv）。

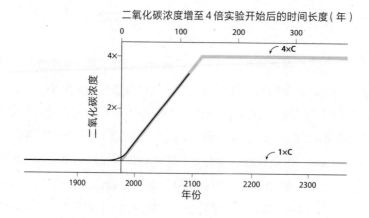

图 10-1　二氧化碳浓度的时间序列（对数坐标）

注：黑色实线表示逐渐增加二氧化碳浓度的 8 次实验的集合平均和对照实验（1×C）。宽灰线表示二氧化碳浓度增至 4 倍实验（4×C）的时间序列。在纵坐标上，2× 和 4× 表示二氧化碳标准浓度（300ppmv）的 2 倍和 4 倍。

在上述实验的 8 次集合平均结果中，到 21 世纪中叶，当二氧化碳浓度翻倍时，全球表面平均气温将增高约 2.3℃，全球平均降水量将增加 5.2%。在二氧化碳浓度增至 4 倍的实验中，实验开始几个世纪后，全球平均气温将增高 5.5℃，全球平均降水量将增加 12.7%。在这两种情况下，全球平均地表温度每升高 1℃，水文敏感度约为 2.3%，这与真锅淑郎和韦瑟尔德使用第 5 章描述的简单模式获得的每升高 1℃ 的 2.5% 的敏感度相似（Manabe & Wetherald, 1975）。

彩图-3a 显示了到 21 世纪中叶（即二氧化碳浓度翻倍时期）集合平均的地表气温升高的地理分布，这是第一组的实验结果。彩图-3b 显示第二组实验结果，即在 4 倍二氧化碳浓度时地表气温变化的空间模态。虽然后者是前者的 2 倍多，这主要是由于二氧化碳浓度增至 4 倍实验中的正辐射强迫要大得多，但两种变暖的模态非常相似。它们都与 IPCC 第五次评估报告所用模式的多模式集合平均变暖模态非常相似（参见 Collins et al., 2013 的图 12.10）。导致这种变暖模态的基本物理过程在第 8 章中有详细分析。

彩图-3b 表明，由二氧化碳浓度增至 4 倍导致的变暖幅度随着北半球纬度的增高而增大，并且在北冰洋上空增高超过 14℃。但是，在南大洋，变暖被大幅延缓了，就像第 8 章中所述的那样。而除南大洋以外的其他地区，埃里克·巴伦（Eric Barron）通过各种历史气候变化的代用记录进行了估算，其变暖的幅度大约和白垩纪中期（约 1 亿年前）与现在的地表温差相当（Barron, 1983）。因此，白垩纪中期的水循环强度很可能与本章后面部分将描述的 4 倍二氧化碳浓度时的水循环强度相当。

上面我们讨论了地表的变暖如何影响蒸发，蒸发又如何反过来影响降水。分析上述两组实验的结果发现，从二氧化碳浓度增至 4 倍实验得到的蒸发和降水变化的大尺度分布与二氧化碳浓度翻倍实验得到的结果相似，尽管前者二氧化碳浓度大约是后者的2倍。在下一节中，我们将展示二氧化碳浓度增至4倍实验中降水和蒸发的经向廓线的变化，并探索导致这些变化的物理机制。

经向廓线

图10-2显示了模式模拟的纬圈平均的年均降水量和蒸发量的经向廓线。尽管低纬度地区的降水量和蒸发量都比高纬度地区大，但它们的分布并不相同。例如，在热带和中高纬度地区，纬圈平均降水量大于蒸发量，而在副热带地区则相反。这两个廓线的差异主要是由于大气大尺度环流的水汽经向输送造成的。

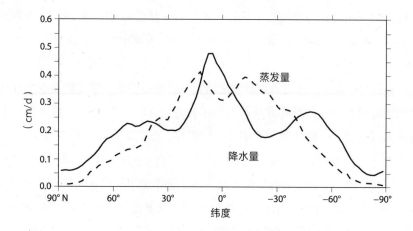

图10-2　对照实验的纬圈平均年降水量和蒸发量的经向廓线

注：其中二氧化碳当量浓度固定在标准值。

资料来源：Wetherald & Manabe，2002。

影响低纬度地区降水和蒸发经向廓线的一个重要因素是哈得来环流, 它在热带地区呈上升运动, 在副热带地区呈下沉运动。在大气的近地表层, 信风携带富含水汽的空气从副热带汇入热带辐合带。一方面, 在热带辐合带上以强烈的上升运动为主, 并且降水最多。另一方面, 在副热带地区, 空气在宽广的纬圈带内下沉。由于空气下沉导致绝热压缩, 相对湿度降低, 从而增强了海洋表面的蒸发。因此, 在副热带地区蒸发量最大。

在中纬度区域, 温带气旋频发的地区降水量最大。这些气旋将温暖、潮湿的空气向极地方向输送, 将寒冷、干燥的空气向赤道方向输送, 产生从副热带向中高纬度地区的水汽净输送。因此, 大气环流将水汽从蒸发量超过降水量的副热带地区输送到降水量超过蒸发量的中高纬度地区。

图 10-3 展示了在大气二氧化碳浓度增高到 4 倍时降水量和蒸发量的经向廓线发生的变化。图 10-3a 显示了对照实验（1×C）和二氧化碳浓度增至 4 倍实验（4×C）的纬圈平均年均蒸发量的经向廓线。这两个廓线图的比较表明, 随着大气二氧化碳浓度的增高, 所有纬度的蒸发量都会增加。增加的幅度在热带地区较大, 向极地方向逐渐减小, 在高纬度地区非常小。根据克劳修斯-克拉珀龙方程, 与潮湿表面（例如海洋）接触的空气的水汽压随着表面温度的增高而增加, 只要上覆空气的相对湿度没有明显变化, 表面上方的水汽压的垂直梯度也会增加。这就是蒸发量增加的幅度在表面温度最高的低纬度地区最大, 并且随着纬度的升高而减小的主要原因。

如图 10-3b 所示, 随着上述蒸发量的增加, 纬圈平均降水量也在大多数纬度地区增加。然而, 降水量变化的纬度分布与蒸发量有很大不同。如图 10-3c 所示, 在热带和中高纬度地区, 降水量的增加比蒸发量快得多, 而在副热带地区则相反。这些变化主要归因于有更多的水汽从副热带向其他纬度输送。

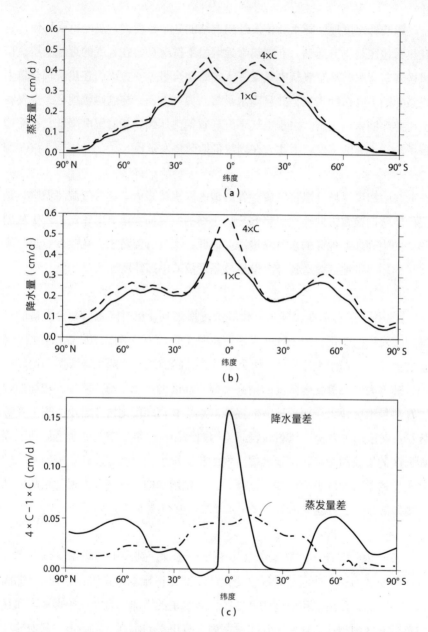

图 10-3　大气二氧化碳浓度增至 4 倍时降水量和蒸发量的经向廓线变化

资料来源：Wetherald & Manabe，2002。

如上所述，当全球变暖导致对流层温度升高时，绝对湿度也会增加，相对湿度则几乎保持不变。绝对湿度的增加反过来又导致对流层水汽输送的增加。例如，由温带气旋向极地方向输送的水汽增加，这增加了从副热带向中高纬度地区输送的水汽。因此，两半球从纬度 45° 至极点增加的降水量大于增加的蒸发量，如图 10-3c 所示。与此同时，信风向赤道方向输送的水汽也增加，从而增加了向热带辐合带方向的水汽供应。在热带辐合带，降水的增量远远大于蒸发的增量。此外，由于副热带向高纬度和低纬度地区输送的水汽增加，尽管通过地表的蒸发增加了水汽供应，但副热带地区的降水几乎没有变化。赫尔德和索登在对气候变化实验的分析中发现了类似的水文响应（Held & Soden, 2006），该实验也被纳入 IPCC 第四次评估报告。他们发现的降水减去蒸发模态的增强被称为"湿更湿"（rich-get-richer）机制（Chou et al., 2009）。

由于上述降水量和蒸发量的变化，大陆表面的可用水量发生了变化。例如，中高纬度地区和热带地区河流水流量增加，降水的增加大于蒸发。相比之下，在副热带的许多干旱和半干旱地区，土壤湿度显著下降。一方面，随着温室气体浓度的增高，长波辐射的向下通量也随之增加，这造成地表水分蒸发的热量增加。另一方面，由于向高纬度和低纬度地区的水汽输送增加，大部分副热带地区的降水量几乎保持不变。因此，副热带干旱和半干旱地区的土壤湿度预计将大幅下降。在后文中，我们将介绍全球变暖如何影响河流流量和土壤湿度的地理分布。

河流流量

当大陆表面的降水量超过蒸发量时，土壤湿度就会增加，土壤迟早达到饱和，多余的水就会从河流中流出。彩图-4 显示了对照实验中年平均径流量的地理分布。

一方面，正如预期的那样，在降水量超过蒸发量的地区，年平均径流量通常很大。例如，南美洲亚马孙流域、非洲刚果盆地、东南亚河流域和印度尼西亚群岛等热带强降雨地区模拟的径流量都较大。在某些中纬度地区，如北美洲的圣劳伦斯和哥伦比亚盆地，以及西欧的江河流域，径流量也很大。虽然降水量不是很大，但在西伯利亚北部和加拿大北部的径流量都很大，蒸发量很小，这主要是由于在太阳辐射较弱的情况下地表温度较低。

另一方面，在许多大陆的干旱和半干旱地区，如撒哈拉沙漠、中亚、北美大平原、北美洲西南部、澳大利亚的大部分地区和非洲的卡拉哈里地区，径流量都很小，这是因为降水稀少，并且强太阳辐射有利于蒸发。

表 10-2 比较了世界各地主要河流年平均流量的历史平均值和模式估算值。其中模式估算值是将对照实验进行时间积分得到的，模式中大气二氧化碳浓度在整个积分过程中保持标准值（300ppmv）不变。在高纬度和中纬度地区，大约一半河流的模拟流量都在观测值约 20% 的范围内。高纬度和中纬度地区模拟的总流量（52 700 m^3/s 和 97 500m^3/s）与观测值（63 200m^3/s 和 84 400m^3/s）很接近。然而，在低纬度地区，河流流量被高估了，特别是在热带非洲和东南亚地区。这些地区的降水也被大大高估了（见彩图-2a 和彩图-2b）。但是总的来说，该模式仍很好地再现了世界上许多主要河流的年平均流量。

观测中的时间抽样误差会影响这里给出的观测流量和模拟流量的比较，因为观测记录涵盖的时间长度可能不足以提供关于气候平均值的精确估算。此外，由于农业灌溉和人造水库的蒸发作用，径流和蒸发之间的自然平衡发生了显著变化。然而，与表 10-2 中比较的各河流的模拟误差相比，抽样误差和水资源开发的影响都很小。

表 10-2　世界主要河流的年平均流量的观测值（历史数据）和模式估算值

纬度	河流	年平均流量（10m³/s）变化（%）[①]			
		观测值	对照实验	2050 年	4×C
高纬度	育空河	6.5	10.1	+21	+47
	麦肯齐河	9.1	8.5	+21	+40
	叶尼塞河	18.1	12.6	+13	+24
	勒拿河	16.9	15.1	+12	+26
	鄂毕河	12.6	6.4	+21	+42
	分类汇总	63.2	52.7	+16	+34
中纬度	莱茵河 / 易北河 / 威悉河 / 默兹河 / 塞纳河	3.9	3.1	+25	+20
	伏尔加河	8.1	5.2	+25	+59
	多瑙河 / 第聂伯河 / 德涅斯特河 / 布格河	8.5	6.7	+21	+9
	哥伦比亚河	5.4	6.4	+21	+47
	圣劳伦斯河 / 渥太华河 / 圣莫里斯河 / 萨格奈河 / 乌塔尔德河 / 马尼夸根河	11.8	12.4	+6	+12
	密西西比河 / 红河	17.9	10.2	+0	−7
	黑龙江		9.2	−1	+3
	黄河		16.7	+0	+18
	长江	28.8	53.5	+4	+28
	赞比西河		31.1	−1	+2
	巴拉那河 / 乌拉圭河		23.5	+24	+54
	分类汇总	84.4	178	+8	+24
低纬度	亚马孙河 / 迈库鲁河 / 雅里河 / 塔帕若斯河 / 兴谷河	194.3	234.3	+11	+23
	奥里诺科河	32.9	28.2	+8	+1
	恒河 / 布拉马普特拉河（雅鲁藏布江）	33.3	48.6	+18	+49
	刚果河	40.2	122.3	+2	−1
	尼罗河	2.8	49.5	−3	−18
	湄公河	9.0	28.6	−6	−6
	尼日尔河		58.3	+5	+6
	分类汇总	312.5	569.8	+7	+13
	总计	460.1	800.5	+8	+16

注：① 模拟从前工业时代到 21 世纪中叶发生的相对变化，即模拟二氧化碳浓度翻倍（2050 年）的相对变化。模拟大气二氧化碳浓度增至 4 倍（4×C）的相对变化。从 A 到 B 的百分比变化定义为 $100 \times (B-A)/A$。

资料来源：Manabe et al., 2004b。

彩图-5a 和彩图-5b 分别显示了二氧化碳浓度翻倍和二氧化碳浓度增至 4 倍时模拟年平均径流量变化的地理分布。如图所示，两种模拟的变化模态非常相似，尽管后一种情况的变化幅度大约是前者的 2 倍。两种模态之间的相似性意味着两种模拟所涉及的物理机制实际上是相同的。这也意味着自然变率的影响都非常小，这主要是因为两组实验中的径流量都进行了时间平均。

在这两种模拟中，一方面，高纬度地区的径流量都会增加，特别是在北美洲西北海岸、北欧、西伯利亚和加拿大。在巴西、热带非洲西海岸、印度尼西亚和印度北部等热带多雨地区也有所增加。另一方面，在撒哈拉以南的纬圈带、北美洲南部、澳大利亚西海岸、地中海沿岸和中国西北等许多半干旱地区，径流量减少。然而，如保罗·C.D.米利（Paul C.D.Milly）等人的成果所示，从绝对值来看，减少的幅度似乎相对较小，尽管就百分比而言，它可能并不小（Milly et al., 2008）。总体而言，径流量变化的地理模态与 IPCC 第五次评估报告所用模式的多模式集合平均值相似（见 Collins et al., 2013 中的图 12.24）。

然而，在亚马孙流域出现了一个明显的例外情况，该地径流量显著增加，但在多模式集合平均值中却减少。可以推测，这种差异在很大程度上是由降水量的差异造成的。在弗拉托 2013 年发表成果中，多模式的流域平均降水量明显小于观测值（Flato et al., 2013 中的图 9.4b），而对于此处介绍的模式，类似的偏差在彩图-2a 和彩图-2b 中并不明显。鉴于降雨与径流量的密切关系，亚马孙流域的径流量很可能会因全球变暖而增加。

从纬向平均来看，径流量的变化与降水和蒸发之间差异的变化具有一定的相似性。热带地区以及中高纬度地区的径流量显著增加。相比之下，副热带的径流量变化幅度较小。正如本章前面所述，从副热带向高纬度和低纬度地区输送水汽的增加是这些变化的主要原因。

表 10-2 还展示了二氧化碳浓度翻倍和浓度增至 4 倍实验中世界主要河流流量的百分比变化。可以看出，浓度增至 4 倍实验的变化大约是浓度翻倍实验的 2 倍。例如，像麦肯齐河和鄂毕河这样的北极河流，流量随着二氧化碳浓度的翻倍而增加约 20%，流量随着二氧化碳浓度增高到 4 倍而增加约 40%。正如本章前面所讨论的，这些北极河流流量的大幅增加主要是由于水汽向极地输送增加的结果。最近，B. J. 彼得森（B. J. Peterson）等人分析了西伯利亚几条主要北极河流流量的时间序列（Peterson et al., 2002）。他们发现，这些河流的总流量在统计上有显著的正趋势，在定性上与这里提出的结果一致。

在中纬度地区，伏尔加河等欧洲河流的流量百分比变化很大。这些河流的变化与高纬度地区的河流相似。随着落基山脉降水的增加，哥伦比亚河的流量也增加了。此外，巴拉那和乌拉圭河的流量变化也相对较大，这基本上反映了在这个径流系统源区内的热带响应。

作为对二氧化碳浓度增高至 2 倍和 4 倍的响应，在热带地区，亚马孙河的流量分别增加了 11% 和 23%。尽管恒河 / 布拉马普特拉河的流量由于二氧化碳浓度增高到 2 倍和 4 倍而大幅增加，但鉴于对照实验得到的年平均流量存在严重高估现象，应对这一结果谨慎考量。类似地，这对于刚果河、湄公河以及尼罗河的流量变化也适用。

约瑟夫·阿尔卡莫（Joseph Alcamo）和奈杰尔·阿内尔（Nigel Arnell）通过使用河流流量独立模式（Alcamo et al., 1997；Arnell, 1999），查尔斯·弗罗斯玛蒂（Charles Vörösmarty）和阿内尔通过气候模式输出（Vörösmarty et al., 2000；Arnell, 2003），分别估算了气候变化对河流流量的影响。例如，阿内尔根据几个气候模式的数据得出了一致的变化模态（Arnell，2003），这与本文所描述的模态大体一致，但这并不包含亚马孙河的情况，在他的分析中，亚马孙河的径流量在减少。与此形成鲜明对比的是，在本文所述的实验中，亚马孙流域的径流量显著增加。然而，鉴于阿内尔的分析中使用的许多模式严重低估了亚马孙流域的降雨量，因此如前所述，直接得到流域的流量将因全球变暖而减少的结论可能过于草率。

土壤湿度

由于难以定义土壤中植物的有效持水能力，并且由于土壤湿度、土壤性质和植被特性的极端异质性，因此无法将模拟的土壤湿度与观测值进行直接、有意义的比较。然而，模式中的土壤湿度是一个很好的衡量土壤湿润度的指标。彩图-6 展示了模式模拟的年平均土壤湿度的地理分布。模式较好地再现了土壤湿度的大尺度特征，例如，模式模拟的土壤湿度较低的区域与世界主要干旱地区大致对应：欧亚大陆的戈壁沙漠、印度大沙漠、北美沙漠、澳大利亚沙漠、南美洲巴塔哥尼亚沙漠、非洲的撒哈拉沙漠和卡拉哈里沙漠。此外，模式合理地模拟了非洲、澳大利亚和欧亚大陆的许多与主要干旱地区相邻的半干旱地区。尽管模式模拟出了北美洲西部平原的半干旱地区，但这个区域向东延伸得太远了，尤其是在降水被严重低估的美国南部（比较彩图-2a 和彩图-2b）。此外，位于北半球高纬度的西伯利亚和加拿大的土壤湿度很大，它们的降水量远大于相对微量的蒸发量。在南美洲、东南亚和非洲的热带强降水地区，土壤湿度也正如预期的那样非常大。总之，模式合理地模拟了世界干旱、半干旱和湿润地区的位置。

变干的干旱和半干旱区

全球变暖不仅影响河流流量，还影响土壤湿度。彩图-7 显示了大气二氧化碳浓度翻倍和增高到 4 倍时，年平均土壤湿度变化的地理分布。这些变化以相对于对照实验的百分比变化表示。二氧化碳浓度翻倍时土壤湿度百分比变化的地理模态与二氧化碳浓度增高到 4 倍时的模态相似，尽管后者大约是前者的 2 倍。正如关于径流量的变化所指出的那样，两种模态之间的相似性意味着两种模拟的基本物理机制实际上是相同的。在世界上许多干旱和半干旱地区，土壤湿度减少的百分比相对较大，如澳大利亚西部和南部、非洲南部、欧洲南部、中国西北部和北美洲西南部。尽管美国东南部减少的百分比也很大，但应该谨慎地看待这一结果，因为在该地区模拟的降水远少于观测结果（见彩图-2），并且模拟的土壤湿度（见彩图-6）也异常小。

令人鼓舞的是，彩图-7 中土壤湿度年平均百分比变化的地理模态与 IPCC 第五次评估报告中 M. R. 科林斯（M. R. Collins）等人的多模式平均模态相似（Collins et al., 2013 中的图 12.23）。然而，在亚马孙流域有一个明显的例外情况。见彩图-7，尽管该流域的土壤湿度变化很小，但在多模式平均模态中土壤湿度显著降低。我们之前已经注意到，该流域的多模式平均降水量比观测到的要少得多。类似的差异在彩图-2 中不明显，彩图-2 比较了此处讨论的耦合模式模拟的降水分布和观测的降水分布。因此，土壤湿度变化符号的差异可能与模拟的该流域降水量的差异有关。就像我们所使用的模式中所呈现的那样，我们推测亚马孙流域的土壤湿度可能会随着全球变暖而增加。

彩图-8 显示了二氧化碳浓度增高至 4 倍时，土壤湿度在各个季节[6～8月（夏季）、9～11 月（秋季）、12～2 月（冬季）和 3～5 月（春季）]的变化。这张图显示，在许多干旱和半干旱地区，土壤湿度减少，特别是在旱季。例如，在澳大利亚南部的夏秋两季、非洲卡拉哈里沙漠及其周围的夏季、南欧的夏季，以及在北美洲西南部的冬春两季，百分比都有明显的下降。虽然美国东南部春季时的降雨量也很大，但该地区的降水量被系统性低估，因此应该谨慎地看待这一问题。虽然这里没有展示图形，但二氧化碳浓度翻倍时土壤湿度变化的地理模态与二氧化碳浓度增高至 4 倍时的模态相似。

为什么世界上许多干旱和半干旱地区的土壤湿度会减少？正如我们之前所讨论的，这是由于温室气体浓度的增高，长波辐射的向下通量增加，从而增加了可用于蒸发的辐射能。此外，在这些地区，降水变化的幅度通常很小。因此，为了维持大陆表面的水平衡，实际蒸发必须根据潜在蒸发成比例地减少。由于蒸发与潜在蒸发的比值随着土壤变干而减小，土壤湿度的减少会减少用于蒸发的辐射能的比例。这是世界上许多干旱和半干旱地区土壤湿度减少的主要原因。这并不是说降水量的变化不重要。事实上，在降水量减少百分比很大的地区，土壤湿度的减少百分比往往也很大（降水百分比变化的地理分布见 Collins et al., 2013 中的图 12.22，摘自 IPCC 第五次评估报告）。

在世界上许多相对干旱的地区，土壤湿度很小，有一部分地区是由于大气中的大尺度环流将水汽向外输送，副热带的许多地区正是如此。由于空气的绝对湿度通常随着温度的升高而增加，预计水汽输出率可能随着全球变暖而增加，从而减少了这些地区可用于降水的水汽量。这是相对干旱地区土壤湿度减少的另一个原因。

到目前为止，我们已经讨论了从几十年到上百年的时间尺度上，土壤湿度随着大气温室气体浓度的逐渐增高而发生的系统性变化。土壤湿度在年际和年代际时间尺度上的时间变化如图 10-4 所示。该图显示了在全球变暖实验和对照实验的情形下，北美洲西南部半干旱地区的年平均和 20 年平均的土壤湿度的时间序列。

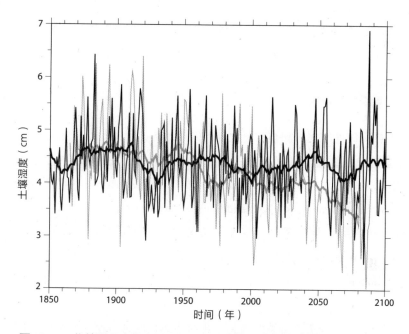

图 10-4　北美洲西南部半干旱地区平均土壤湿度的时间序列

注：该地区地处北纬20°～38°、东经88°～114°以及海岸边界包围的区域。细黑线和粗黑线分别显示了对照实验中的年平均和20年滑动平均土壤湿度的时间序列。细灰线和粗灰线分别表示全球变暖实验的8个成员之一的年平均和20年滑动平均土壤湿度的时间序列，该实验在数值实验小节中有所描述。

资料来源：Wetherald & Manabe，2002。

　　在全球变暖模拟实验中，年平均土壤湿度的系统性降低往往被大的自然年际变率掩盖。然而，预计到21世纪后半叶，细灰线下降到3cm以下的频率将比细黑线下降到3cm以下的频率更高。其中细灰线表示全球变暖实验的年平均土壤湿度的时间序列，细黑线表示对照实验的年平均土壤湿度的时间序列。在简单的水桶模式中，3cm的土壤湿度表示植物可获取的水分仅为土壤饱和情况下的20%。

上述结果表明，随着世界上许多半干旱和干旱地区的植物可利用水分降至饱和度的 20% 以下，21 世纪干旱的频率可能会增加。

内陆的夏季变干现象

在中高纬度的北美洲和欧亚大陆的内陆地区，土壤湿度在夏季减少。这和冬季的土壤湿度增加形成鲜明对比，见彩图-8c。内陆夏季干旱一直是许多研究的主题（例如，Cubasch et al., 2001; Gregory et al., 1997; Manabe & Stouffer, 1980; Manabe & Wetherald,1985; Manabe et al.,1992; Mitchell et al., 1990）。现在我们将参考真锅淑郎和韦瑟尔德的研究进一步探讨这个主题（Manabe & Wetherald, 1987），该研究使用了第 5 章和第 6 章所述的大气–混合层海洋模式。

根据他们的分析，夏季西伯利亚北部和加拿大北纬 60° 附近地区土壤湿度大幅减少的主要原因是融雪季节提前结束。由于全球变暖，大陆表面温度升高，融雪季节在春季提前结束，低反照率的无雪表面暴露在强烈的太阳辐射下。这使得大陆表面对太阳能的吸收显著增加，并使更多的能量用于晚春蒸发，从而减少夏季土壤湿度。

在中纬度的大部分大陆地区，夏季土壤湿度减少的原因除了上述融雪季节的提前结束外，降水的经向廓线从冬季到夏季的向极移动也是原因之一。

一方面，当对流层温度升高时，空气的绝对湿度通常也会增加。因此，如我们前面所讨论的，温带气旋向极地输送的水汽增加。由于这个原因，降水量通常沿中纬度气旋路径向极地一侧增加。相反，在气旋路径的靠赤道一侧，降水量几乎没有变化或略有减少，见图 10-3b。由于气旋路径及其相关的雨带从冬季到夏季的向极移动，特别是在大陆上，冬季位于气旋路径靠极一侧的内陆地区在夏季将位于其靠赤道一侧，因此，冬季的降水量会大幅增加，而夏季的降水量通常会略有减少。

另一方面，由于大气中二氧化碳浓度的增高，地表长波辐射的向下通量增加，这为蒸发提供了更多的能量。蒸发量的增加和降水量的减少共同导致了内陆地区夏季土壤湿度的减少。见彩图-8，在南欧也有类似的情况，夏季土壤湿度减少的百分比非常高。然而，南欧与中纬度地区有一个重要的区别，因为南欧的土壤湿度不仅在夏季减少，而且在其他季节也减少，而中高纬度许多其他地区的土壤湿度在冬季和早春时会增加。尽管在这些季节南欧的降水量增加了，但增加的幅度很小，不足以补偿蒸发量的增加，其结果导致土壤湿度百分比略有减少。

与夏季形成鲜明对比的是，在北美洲和欧亚大陆中高纬度的广大地区，冬季土壤湿度增加，这主要是由降水量增加导致的。由于这些地区的温度非常低，因此尽管全球变暖导致地表温度升高，但其蒸发量在冬季几乎没有变化。由于这些原因，在冬季 12 月至 2 月和春季 3 月到 5 月，大部分地区的土壤湿度增加，见彩图-8c 和彩图-8d，仅在南欧的春季略有下降。

图 10-5 显示了大气二氧化碳浓度翻倍时，纬圈平均的土壤湿度做出平衡响应时的纬度和月份分布。见彩图-8，虽然它是从第 5 章和第 6 章中描述的大气-混合层海洋模式中获得的，但它基本上概括了运用本节介绍的模式获得的结果。在北半球中高纬度地区，土壤湿度在夏季减少，冬季增加。

在副热带地区，土壤湿度在一年中大部分时间都在减少，在冬季和春季更为突出。虽然其他季节的减少幅度较小，但其减少的百分比并不一定小。

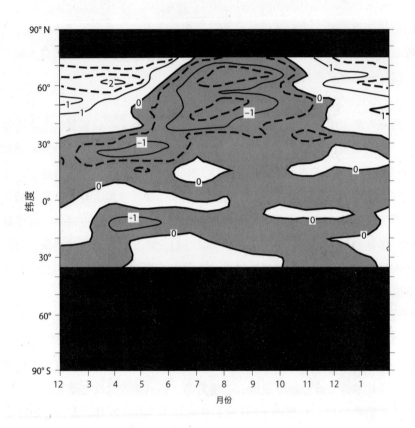

图 10-5 大气二氧化碳浓度翻倍时区域平均土壤湿度变化

注：黑色阴影表示陆地很少或陆地被冰覆盖的纬度带。

资料来源：Manabe & Wetherald，1987。

对未来的启示

    如果在所谓的"一切照旧"的情景下，温室气体的浓度继续增高，世界上许多干旱和半干旱地区土壤湿度的减少在 21 世纪可能会变得越来越明显。到 22 世纪下半叶，这些地区的土壤湿度可能会大幅度减少，干旱的频率可能会显著增加。不幸的是，随着全球继续变暖，这些地区的河流流量不太可能显著增加，甚至可能会减少。因此，在接下来的几个世纪里，这些地区的水资源短缺问题可能会变得非常严重。正像米利等人在数值实验中发现的那样（Milly et al., 2002），相比之下，在北半球高纬度的许多水资源丰富地区和热带的强降水地区，洪水的频率可能会显著增加。现有的缺水和丰水区域之间水资源供应差异的扩大可能对世界各地的水资源管理者提出非常严峻的挑战。关于这个主题的进一步讨论，请参阅米利等人 2008 年发表的短文（Milly et al., 2008）。

用"简单的"气候模式探索复杂的气候变化

　　在这本书中，我们从 19 世纪末阿伦尼乌斯进行的开创性研究（第 2 章）开始追溯，沿着历史的脉络，向读者介绍了许多关于全球变暖的研究。这些研究使用了一系列复杂的气候模型，例如，能量平衡模式、一维辐射–对流模式，以及大气–海洋–陆地耦合的三维大气环流模式。它们不仅在气候预测上卓有成效，而且在帮助人们理解气候变化方面也成效卓著。

　　如第 4 章所述，大气环流模式由风、温度、比湿和地表压力等状态变量的预测方程组成。每个预测方程通常由两个部分组成。第一个部分是基于物理定律的，如运动方程、热力学方程、基尔霍夫定律、普朗克黑体辐射公式、饱和水汽压的克劳修斯–克拉珀龙方程。第二个部分则包括利用各种次网格尺度过程的参数化，来表示湿对流和干对流、大气中云的形成和消亡、大陆表面雪和土壤水分的收支、海洋表面海冰的形成和消失等。20世纪60年代和70年代，当各机构开发出早期版本的大气环流模式时，由于当时电子计算机的功能还不强大，计算能力有限导致了在早期模式中，次网格尺度过程的参数化只能被尽可能简单地处理。然而，令人鼓舞的是，这些模式仍然成功地模拟了大气环流的许多显著特征，以及温度和降水的分布（第4章）。同样令人鼓舞的是，大约30年前构建的大气–海洋–陆地耦合的大气环流模式，同样成功地模拟了过去几十年中观测到的地表温度变化的空间分布特征，斯托弗和真锅淑郎于2017年发表的成果就是一个鲜明的例子（Stouffer & Manabe, 2017）。

由于这些模式的参数化简单且分辨率低，对计算机计算能力的需求比目前用于预测气候变化的气候模式小得多，所以这些模式可以被用作"虚拟实验室"，进行无数的数值实验，通过每次只改变一个因子，探索气候系统内部的运行规律。事实上，这些模式参数化方法的简单性极大地促进了对所获得结果的诊断分析。基于此，参数化相对简单的气候模式一直是（可能还会是）非常强大的工具，不仅可以被用于探索当前工业化时代的气候变化，还可以探索过去地质期的气候变化。

致谢

谨以此书致敬已故的斯马戈林斯基，他是地球物理流体动力学实验室的创始主任（创办人），本书中提到的几乎所有研究都是在 GFDL 进行的。他的卓越领导力、灵感和专业影响力使我们能够构建气候模式，并进行无数的数值实验，探索过去、现在和未来气候变化的物理机制。

感谢海洋环流模式的研发先驱柯尔克·布莱恩（Kirk Bryan）。与他合作开发海洋-大气耦合模式并探索海洋在气候变化中的作用是一种莫大的荣幸。

本书的出版离不开地球物理流体动力学实验室现任主任 V. 拉马斯瓦米（V. Ramaswamy）博士和普林斯顿大学大气和海洋科学部前主任乔治·萨米恩托（Jorge Sarmiento）教授的鼓励和全力支持，他们慷慨地为本书的出版协调资源。

感谢丹尼斯·哈特曼（Dennis Hartman）、马修·胡伯（ Matthew Huber）和雷蒙·皮尔霍姆波特，他们为本书的完善提供了宝贵建议。感谢普林斯顿大学出版社工作人员的努力，他们与我们一起完成了这个项目。

最后，感谢真锅信子（Nobuko Manabe）和卡罗尔·布罗科利（Carol Broccoli）在本书筹备期间的持续鼓励，本书的完成离不开她们耐心且坚定的支持。

Adkins, J. F., K. McIntrye, and D. P. Schrag. 2002. "The Salinity, Temperature, and $\delta^{18}O$ of the Glacial Deep Ocean." *Science* 298: 1769–73.

Alcamo, J., P. Doll, F. Kasper, and S. Siebert. 1997. *Global Change and Global Scenario of Water Use and Availability: An Application of Water Gap 1.0.* Kassel, Germany: University of Kassel.

Allen, M. R., and W. J. Ingram. 2002. "Constraints on Future Changes in Climate and Hydrologic Cycle." *Nature* 419: 224–32.

Annan, J. D., and J. C. Hargreaves. 2013. "A New Global Reconstruction of Temperature Changes at the Last Glacial Maximum." *Climate of the Past* 9: 367–76.

Arakawa, A. 1966. "Computational Design for Long-Term Numerical Integration of the Equations of Fluid Motion: Two Dimensional Incompressible Flow." *Journal of Computational Physics* 1: 119–43.

Archer, D., and R. Pierrehumbert, eds. 2011. *The Warming Papers.* Oxford: Wiley-

Blackwell.

Arnell, N. W. 1999. "Climatic Changes and Global Water Resources." *Global Environmental Changes* 9: S31–49.

———. 2003. "Effect of IPCC SRES* Emission Scenarios on River Runoff: A Global Perspective." *Hydrology and Earth System Sciences* 7: 619–41.

Arrhenius, S. 1896. "On the Influence of Carbonic Acid in the Air upon the Temperature of the Ground." *London, Edinburgh, and Dublin Philosophical Magazine and Journal of Science*, 5th series, 41: 237–76.

Barkstrom, B. R. 1984. "The Earth Radiation Budget Experiment (ERBE)." *Bulletin of the American Meteorological Society* 65: 1170–85.

Barron, E. J. 1983. "A Warm, Equable Cretaceous: The Nature of the Problem." *Earth-Science Reviews* 19: 305–38.

Beck, J. W., R. L. Edwards, E. Ito, F. W. Taylor, J. Recy, F. Rougerie, P. Joannot, and C. Henin. 1992. "Sea Surface Temperature from Coral Skeletal Strontium-Calcium Ratio." *Science* 257: 644–47.

Berger, A., H. Gallee, T. Fichefet, I. Marsiat, and C. Tricot. 1990. "Testing the Astronomical Theory with a Coupled Climate-Ice Sheet Model." In "Geochemical Variability in the Oceans, Ice and Sediments," edited by L. D. Labeyrie and C. Jeandel, special issue, *Global Planetary Change* 3(1/2): 125–41.

Boucher, O., D. Randall, P. Artaxo, C. Bretherton, G. Feingold, P. Forster, V.-M. Kerminen, et al. 2013. "Clouds and Aerosols." In *Climate Change 2013: The Physical Science Basis. Contribution of Working Group I to the Fifth Assessment Report of the Intergovernmental Panel on Climate Change*, edited by T. F. Stocker, D. Qin, G.-K. Plattner, M. Tignor, S. K.

Allen, J. Boschung, A. Nauels, Y. Xia, V. Bex, and P. M. Midgley, 571–657. Cambridge: Cambridge University Press.

Brassell, S. C., G. Eglinton, I. T. Marlowe, U. Pflaumann, and M. Sarnthein. 1986. "Molecular Stratigraphy: A New Tool for Climatic Assessment." *Nature* 320: 129–33.

Broccoli, A. J. 2000. "Tropical Cooling at the Last Glacial Maximum: An Atmosphere–Mixed Layer Ocean Model Simulation." *Journal of Climate* 13: 951–76.

Broccoli, A. J., and S. Manabe. 1987. "The Influence of Continental Ice, Atmospheric CO_2, and Land Albedo on the Climate of the Last Glacial Maximum." *Climate Dynamics* 1: 87–99.

Broccoli, A. J., and E. P. Marciniak. 1996. "Comparing Simulated Glacial Climate and Paleodata: A Reexamination." *Paleoceanography* 11: 3–14.

Broecker, W.S. 1991. "The Great Ocean Conveyor." *Oceanography* 4: 79–89.

Brohan, P., J. J. Kennedy, I. Harris, S.F.B. Tett, and P. D. Jones. 2006. "Uncertainty Estimate in Regional and Global Observed Temperature Change: A New Data Set from 1850." *Journal of Geophysical Research* 111: D12106.

Bryan, K., and M. D. Cox. 1967. "Numerical Investigation of Oceanic General Circulation." *Tellus* 19: 54–80.

Bryan, K., F. G. Komro, S. Manabe, and M. J. Spelman. 1982. "Transient Climate Response to Increasing Atmospheric Carbon Dioxide." *Science* 215: 56–58.

Bryan, K., and L. J. Lewis. 1979. "A Water Mass Model of World Ocean." *Journal of Geophysical Research* 84 (C5): 2503–17.

Bryan, K., S.Manabe, and M. J. Spelman. 1988. "Inter-hemispheric Asymmetry in the Transient

Response of a Coupled Ocean-Atmosphere Model to a CO_2 Forcing." *Journal of Physical Oceanography* 18: 851–67.

Budyko, M. I. 1969. "The Effect of Solar Radiation Variations on the Climate of the Earth." *Tellus* 21: 611–19.

Caesar, L., S. Rahmstorf, A. Robinson, G. Feulner, and V. Saba. 2018. "Observed Fingerprint of a Weakening Atlantic Ocean Overturning Circulation." *Nature* 556: 191–96.

Callendar, G. S. 1938. "The Artificial Production of Carbon Dioxide and Its Influence on Temperature." *Quarterly Journal of the Royal Meteorological Society* 64: 223–40.

Cess, R. D., G. L. Potter, J. P. Blanchet, G. J. Boer, A. D. Del Genio, M. Deque, V. Dymnikov, et al. 1990. "Intercomparison and Interpretation of Climate Feedback Processes in 19 Atmospheric General Circulation Models." *Journal of Geophysical Research* 95: 16601–15.

Chapman, W. L., and J. E. Walsh. 1993. "Recent Variation of Sea Ice and Air Temperature in High Latitudes." *Bulletin of the American Meteorological Society* 74: 33–47.

Chappellaz, J., T. Blunier, D. Raynaud, J. M. Barnola, J. Schwander, and B. Stauffer. 1993. "Synchronous Changes in Atmospheric CH_4 and Greenland Climate between 40 and 8 kyr BP." *Nature* 366: 443–45.

Chou, C., J. D. Neelin, C.-A. Chen, and J.-Y. Tu. 2009. "Evaluating the 'Rich-Get-Richer' Mechanism in Tropical Precipitation Change under Global Warming." *Journal of Climate* 22: 1982–2005.

CLIMAP Project members. 1976. "The Surface of the Ice Age Earth." *Science* 191: 1131–36.

———. 1981. *Seasonal Reconstruction of the Earth's Surface at the Last Glacial*

Maximum. Map and Chart Series MC-36. Boulder, CO: Geological Society of America.

Collins, M., R. Knutti, J. Arblaster, J.-L. Dufresne, T. Fichefet, P. Friedlingstein, X. Gao, et al. 2013. "Long-Term Climate Change: Projections, Commitments and Irreversibility." In *Climate Change 2013: The Physical Science Basis. Contribution of Working Group I to the Fifth Assessment Report of the Intergovernmental Panel on Climate Change*, edited by T. F. Stocker, D. Qin, G.-K. Plattner, M. Tignor, S. K. Allen, J. Boschung, A. Nauels, Y. Xia, V. Bex, and P. M. Midgley, 1029–136. Cambridge: Cambridge University Press.

Colman, R. 2003. "A Comparison of Climate Feedback in General Circulation Models." *Climate Dynamics* 20: 865–73.

Cooke, D. W., and J. D. Hays. 1982. "Estimates of Antarctic Ocean Seasonal Sea-Ice Cover During Glacial Intervals." In *Antarctic Geoscience*, edited by C. Cradock, 1017–25. Madison: University of Wisconsin Press.

Crosta, X., J.-J. Pichon, and L. H. Burckle. 1998. "Reappraisal of Antarctic Seasonal Sea-Ice at the Last Glacial Maximum." *Geophysical Research Letters* 25: 2703–6.

Crowley, T. J. 2000. "CLIMAP SST Revisited." *Climate Dynamics* 16: 241–25.

Crowley, T. J., and G. H. North. 1991. *Paleoclimatology*. Oxford Monographs on Geology and Geophysics 18. Oxford: Clarendon.

Crutcher, H. L., and J. M. Meserve. 1970. *Selected Level Height, Temperature and Dew Points for the Northern Hemisphere*. NAVAIR 50-IC-52. Washington, DC: US Naval Weather Service.

Cubasch, U., G. A. Meehl, G. J. Boer, R. J. Stouffer, M. Dix, A. Noda, C. A. Senior, S. Raper, K. S. Yap. 2001. "Projection of Future Climate Change." In *Climate Change 2001: The Science of Climate Change*, edited by J. T. Houghton et al., 527–82. Cambridge:

Cambridge University Press.

Danabasoglu, G., J. C. McWilliams, and P. R. Gent. 1994. "The Role of Mesoscale Tracer Transports in the Global Circulation." *Science* 264: 1123–26.

Deacon, G.E.R. 1937. "Note on the Dynamics of the Southern Ocean." *Discovery Reports* 15: 125–52.

Deblonde, G., and W. R. Peltier. 1991. "Simulation of Continental Ice Sheet Growth over the Last Glacial-Interglacial Cycle: Experiments with a One-Level Seasonal Energy Balance Model Including Realistic Topography." *Journal of Geophysical Research* 96: 9189–215.

Delworth, T., S. Manabe, and R. J. Stouffer. 1993. "Interdecadal Variations of the Thermohaline Circulation in a Coupled Ocean-Atmosphere Model." *Journal of Climate* 6: 1993–2011.

Denton, G. H., and T. J. Hughes, eds. 1981. *The Last Great Ice Sheets*. New York: John Wiley.

Dixon, K. W., J. L. Bullister, R. H. Gamon, and R. J. Stouffer. 1996. "Examining a Coupled Climate Model Using CFC-11 as an Ocean Tracer." *Geophysical Research Letters* 26: 2749–52.

Edwards, P. N. 2010. *A Vast Machine: Computer Models, Climate Data, and Politics of Global Warming*. Cambridge, MA: MIT Press.

Feigelson, E. M. 1978. "Preliminary Radiation Model of a Cloudy Atmosphere. 1: Structure of Clouds and Solar Radiation." *Contributions to Atmospheric Physics* 51: 203–29.

Flato, G., J. Marotzke, B. Abiodun, P. Braconnot, S. C. Chou, W. Collins, P. Cox, et al. 2013. "Evaluation of Climate Models." In *Climate Change 2013: The Physical Science Basis. Contribution of Working Group I to the Fifth Assessment Report of the Intergovernmental Panel on Climate Change*, edited by T. F. Stocker, D. Qin, G.-K. Plattner, M. Tignor, S. K.

Allen, J. Boschung, A. Nauels, Y. Xia, V. Bex, and P. M. Midgley, 741–866. Cambridge: Cambridge University Press.

Forster, P. M. F., and J. M. Gregory. 2006. "The Climate Sensitivity and its Components Diagnosed from Earth Radiation Budget Data." *Journal of Climate* 19: 39–52.

Fourier, J. J. 1827. "Memoire sur les temperatures du globe terrestre et des espaces planetaires." *Mémoires de l'Académie royale des sciences de l'institut de France* 7: 569–604.

Fu, Q., and C. M. Johanson. 2005. "Satellite-Derived Vertical Dependence of Tropical Tropospheric Temperature Trends." *Geophysical Research Letters* 32: L10703.

Fu, Q., C. M. Johanson, S. G. Warren, and D. J. Seidel. 2004. "Contribution of Stratospheric Cooling to Satellite-Inferred Tropospheric Temperature Trends." *Nature* 429: 55–58.

Fu, Q., S. Manabe, and C. M. Johanson. 2011. "On the Warming in the Tropical Upper Troposphere: Model versus Observations." *Geophysical Research Letters* 38: L15704.

Gates, W. L. 1976. "Modeling the Ice-Age Climate." *Science* 191: 1138–44.

Gent, P. R., J. Willebrand, T. J. McDougall, and J. C. McWilliams. 1995. "Parameterizing Eddy-Induced Tracer Transport in Ocean Circulation Models." *Journal of Physical Oceanography* 25: 463–74.

Gill, A. E., and K. Bryan. 1971. "Effect of Geometry on the Circulation of a Three Dimensional Southern-Hemisphere Ocean Model." *Deep Sea Research* 18: 685–721.

Goody, R. M. 1964. *Atmospheric Radiation: Theoretical Basis*. Oxford: Clarendon.

Goody, R. M., and Y. M. Yung. 1989. *Atmospheric Radiation: Theoretical Basis*. 2nd ed. Oxford: Oxford University Press.

Gordon, A. L. 1986. "Inter-ocean Exchange of Thermocline Water and Its Influence on Thermohaline Circulation." *Journal of Geophysical Research* 91: 5037–46.

Gregory, J. M., O.J.H. Browne, A. J. Payne, J. K. Ridley, and I. C. Rutt. 2012. "Modelling Large-Scale Ice-Sheet–Climate Interactions following Glacial Inception." *Climate of the Past* 8: 1565–80.

Gregory, J. M., K. W. Dixon, R. J. Stouffer, A. J. Weaver, E. Driesschaert, M. Eby, T. Fichefet, et al. 2005. "A Model Intercomparison of Changes in the Atlantic Thermohaline Circulation in Response to Increasing Atmospheric CO_2 Concentration." *Geophysical Research Letters* 32: L12703.

Gregory, J. M., J.F.B. Mitchell, and A. J. Brady. 1997. "Summer Drought in Northern Midlatitudes in a Time-Dependent CO_2 Climate Experiment." *Journal of Climate* 10: 662–86.

Guilderson, T. P., R. G. Fairbanks, and J. L. Rubenstone. 1994. "Tropical Temperature Variations since 20,000 Years Ago: Modulating Interhemispheric Temperature Change." *Science* 263: 663–65.

Hall, A., and S. Manabe. 1999. "The Role of Water Vapor Feedback in Unperturbed Climate Variability and Global Warming." *Journal of Climate* 12: 2327–46.

Hansen, J., I. Fung, A. Lacis, D. Rind, S. Lebedeff, R. Ruedy, G. Russel, and P. Stone. 1988. "Global Climate Change as Forecast by the Goddard Institute for Space Studies Three Dimensional Model." *Journal of Geophysical Research* 93: 9341–64.

Hansen, J., D. Johnson, A. Lacis, S. Lebedeff, P. Lee, D. Rind, and G. Russell. 1981. "Climate Impact of Increasing Atmospheric Carbon Dioxide." *Science* 213: 957–66.

Hansen J., A. Lacis, D. Rind, G. Russel, P. Stone, I. Fung, R. Ruedy, and J. Lerner. 1984.

"Climate Sensitivity: Analysis of Feedback Mechanisms." In *Climate Processes and Climate Sensitivity*, Geophysical monograph 29, Maurice Ewing series 5, edited by J. E. Hansen and T. Takahashi, 130–63. Washington, DC: American Geophysical Union.

Hansen, J., G. Russell, D. Rind, P. Stone, A. Lacis, S. Lebedeff, R. Ruedy, and L. Travis. 1983. "Efficient Three-Dimensional Global Models for Climate Studies: Models I and II." *Monthly Weather Review* 111: 609–62.

Harland, W. B. 1964. "Critical Evidence for a Great Infra-Cambrian Glaciation." *International Journal of Earth Sciences* 54: 45–61.

Harrison, E. F., P. Minnis, B. R. Barkstrom, V. Ramanathan, R. D. Cess, and G. G. Gibson. 1990. "Seasonal Variation of Cloud Radiative Forcing Derived from the Earth Radiation Budget Experiment." *Journal of Geophysical Research* 95: 18687–703.

Hartmann, D. L. 2016. *Global Physical Climatology*. Amsterdam: Elsevier.

Hartmann, D. L., A.M.G. Klein Tank, M. Rusticucci, L. V. Alexander, S. Bronnimann, Y. Charabi, F. J. Dentener, et al. 2013. "Observation: Atmosphere and Surface." In *Climate Change 2013: The Physical Science Basis. Contribution of Working Group I to the Fifth Assessment Report of the Intergovernmental Panel on Climate Change*, edited by T. F. Stocker, D. Qin, G.-K. Plattner, M. Tignor, S. K. Allen, J. Boschung, A. Nauels, Y. Xia, V. Bex, and P. M. Midgley, 159–254. Cambridge: Cambridge University Press.

Hays, J. D., J. Imbrie, and N. J. Shackleton. 1976. "Variations in the Earth's Orbit: Pacemaker of the Ice Ages." *Science* 194: 1121–32.

Haywood, J., R. J. Stouffer, R. J. Wetherald, S. Manabe, and V. Ramaswamy. 1997. "Transient Response of a Coupled Model to Estimated Change in Greenhouse Gas and Sulfate Concentration." *Geophysical Research Letters* 24: 1335–38.

Held, I. M. 1978. "The Tropospheric Lapse Rate and Climate Sensitivity: Experiments with a Two-Level Atmospheric Model." *Journal of Atmospheric Sciences* 35: 2083–98.

———. 1993. "Large-Scale Dynamics and Global Warming." *Bulletin of the American Meteorological Society* 74: 228–41.

Held, I. M., D. I. Linder, and M. J. Suarez. 1981. "Albedo Feedback, the Meridional Structure of the Effective Heat Diffusivity, and Climatic Sensitivity: Results from Dynamic and Diffusive Models." *Journal of the Atmospheric Sciences* 38: 1911–27.

Held, I. M., and B. J. Soden. 2000. "Water Vapor Feedback and Global Warming." *Annual Review of Energy and the Environment* 25: 441–75.

———. 2006. "Robust Response of Hydrologic Cycle to Global Warming." *Journal of Climate* 19: 5686–99.

Held, I. M., and M. J. Suarez. 1974. "Simple Albedo Feedback Models of the Ice Caps." *Tellus* 38: 1911–27.

Henning, C. C., and G. K. Vallis. 2005. "The Effect of Mesoscale Eddies on the Stratification and Transport of an Ocean with a Circumpolar Channel." *Journal of Physical Oceanography* 35: 880–96.

Hoffert, M. I., A. J. Callegari, and C. T. Hsieh. 1980. "The Role of Deep Sea Heat Storage in the Secular Response to Climatic Forcing." *Journal of Geophysical Research* 85: 6667–79.

Hoffman, P. F., A. J. Kaufman, G. P. Halverson, and G. P. Schrag. 1998. "A Neoproterozoic Snowball Earth." *Science* 281: 1342–46.

Holloway, J. L., Jr., and S. Manabe. 1971. "Simulation of Climate by a General Circulation Model. I: Hydrologic Cycle and Heat Balance." *Monthly Weather Review* 99: 335–70.

Hulbert, E. O. 1931. "The Temperature of the Lower Atmosphere of the Earth." *Physical Review* 38:1876–90.

Imbrie, J., and J. Z. Imbrie. 1980. "Modeling the Climatic Response to Orbital Variations." *Science* 207: 943–53.

Imbrie, J., and K. P. Imbrie. 1979. *Ice Ages: Solving the Mystery*. Hillside, NJ: Enslow.

Imbrie, J., and N. G. Kipp. 1971. "A New Micropaleontological Method for Quantitative Paleoclimatology: Application to a Late Pleistocene Caribbean Core." In *The Late Cenozoic Glacial Ages*, edited by K. K. Turekian, 71–79. New Haven, CT: Yale University Press.

Inamdar, A. K., and V. Ramanathan. 1998. "Tropical and global Scale Interaction among Water Vapor, Atmospheric Greenhouse Effect and Surface Temperature." *Journal of Geophysical Research* 103: 32177–94.

IPCC (Intergovernmental Panel on Climate Change). 1992. *Climate Change 1992: The Supplementary Report to the IPCC Scientific Assessment*. Edited by J. T. Houghton, B. A. Callander, and S. K. Varney. Cambridge: Cambridge University Press.

———. 2001. *Climate Change 2001: The Scientific Basis*. Edited by J. T. Houghton Y. Ding, D. J.

Griggs, M. Noguer, P. J. van der Linden, X. Dai, K. Maskell, and C. A. Johnson. Cambridge: Cambridge University Press.

———. 2007. "Acronyms." In *Climate Change 2007: The Physical Science Basis. Contribution of Working Group I to the Fourth Assessment Report of the Intergovernmental Panel on Climate Change*, edited by S. Solomon, D. Qin, M. Manning, Z. Chen, M. Marquis, K. B. Averyt, M. Tignor, and H. L. Miller, 981–87. Cambridge: Cambridge University Press.

————. 2013a. "Acronyms." In *Climate Change 2013: The Physical Science Basis. Contribution of Working Group I to the Fifth Assessment Report of the Intergovernmental Panel on Climate Change*, edited by T. F. Stocker, D. Qin, G.-K. Plattner, M. Tignor, S. K. Allen, J. Boschung, A. Nauels, Y. Xia, V. Bex, and P. M. Midgley, 1467–75. Cambridge: Cambridge University Press.

————. 2013b. "Summary for Policymakers." In *Climate Change 2013: The Physical Science Basis.Contribution of Working Group I to the Fifth Assessment Report of the Intergovernmental Panel on Climate Change*, edited by T. F. Stocker, D. Qin, G.-K. Plattner, M. Tignor, S. K. Allen, J. Boschung, A. Nauels, Y. Xia, V. Bex, and P. M. Midgley, 3–29. Cambridge: Cambridge University Press.

IPCC/TEAP (Technology and Economic Assessment Panel). 2005. *Special Report on Safeguarding the Ozone Layer and the Global Climate System: Issues Related to Hydrofluorocarbons and Perfluorocarbons.*

Edited by B. Metz, L. Kuijpers, S. Solomon, S. O. Andersen, O. Davidson, J. Pons, D. de Jager, T. Kestin, M Manning, and L. Meyer. Cambridge: Cambridge University Press.

Jansen, E., J. Overpeck, K. R. Briffa, J.-C. Duplessy, F. Joos, V. Masson-Delmotte, D. Olago, et al. 2007. "Palaeoclimate." In *Climate Change 2007: The Physical Science Basis. Contribution of Working Group I to the Fourth Assessment Report of the Intergovernmental Panel on Climate Change*, edited by S. Solomon, D. Qin, M. Manning, Z. Chen, M. Marquis, K. B. Averyt, M. Tignor, and H. L. Miller, 433–97. Cambridge: Cambridge University Press.

Kaplan, L. D. 1960. "The Influence of Carbon Dioxide Variation on the Atmospheric Heat Balance." *Tellus* 12: 204–8.

Karl, T. R., S. J. Hassol, C. D. Miller, and W. L. Murray, eds. 2006. *Temperature Trends in* the Lower Atmosphere: Steps for Understanding and Reconciling Differences. Washington, DC: US Climate Change Science Program.

Karsten, R. H., and J. Marshall. 2002. "Constructing the Residual Circulation of the ACC from Observation." Journal of Physical Oceanography 32: 3315–27.

Kasahara, A., and W. M. Washington. 1967. "NCAR Global General Circulation Model of the Atmosphere." Monthly Weather Review 95: 389–402.

Kelly, P. M., P. D. Jones, P. D. Sear, B.S.G. Cherry, and R. K. Tavacol. 1982. "Variation in Surface Air Temperature. 2: Arctic Regions, 1881–1980." Monthly Weather Review 110: 71–83.

Klein, S. A., A. Hall, J. R. Norris, and R. Pincus. 2017. "Low-Cloud Feedbacks from Cloud-Controlling Factors: A Review." Surveys in Geophysics 38: 1307–29.

Kondratiev, K. Y., and H. I. Niilisk. 1960. "On the Question of Carbon Dioxide Heat Radiation in the Atmosphere." Pure and Applied Geophysics 46: 216–30.

Langley, S. P. 1889. "The Temperature of the Moon." Memoirs of the National Academy of Sciences 4 (2): 105–212.

Lea, D. W. 2004. "The 100,000-yr Cycle in Tropical SST, Greenhouse Forcing, and Climate Sensitivity." Journal of Climate 17: 2170–79.

Legates, D. R., and C. J. Willmott. 1990. "Mean Seasonal and Spatial Variability in Gauge-Corrected Global Precipitation." International Journal of Climatology 10: 111–27.

Leith, C. E. 1965. "Numerical Simulation of the Earth's Atmosphere." In Methods in Computational Physics vol. 4, edited by B. Alder, S. Fernbach, and M. Rotenberg, 1–28. New York: Academic Press.

Levitus, S. 1982. *Climatological Atlas of the World Ocean*. NOAA Professional Paper 13. Washington, DC: US Department of Commerce.

Levitus, S., J. L. Antonov, T. P. Boyer, and C. Stephens. 2000. "Warming of the World Ocean." *Science* 287: 2225–29.

Loeb, N. G., et al. 2009. "Toward Optimal Choice of the Earth's Top-of-Atmosphere Radiation Budget." *Journal of Climate* 22: 748–66.

London, J. 1957. *A Study of the Atmospheric Heat Balance*. Final Report on Contract AF 19 (122)-165 (AFCRC-TR-57–287). New York: New York University.

Manabe, S. 1969. "Climate and Ocean Circulation. 1: The Atmospheric Circulation and Hydrology of the Earth's Surface." *Monthly Weather Review* 97: 739–74.

Manabe, S., and A. J. Broccoli. 1985. "A Comparison of Climate Model Sensitivity with Data from the Last Glacial Maximum." *Journal of Atmospheric Sciences* 42: 2643–51.

Manabe, S., and K. Bryan. 1969. "Climate Calculation with a Combined Ocean-Atmosphere Model." *Journal of Atmospheric Sciences* 26: 786–89.

Manabe, S., K. Bryan, and M. J. Spelman. 1979. "A Global Ocean-Atmosphere Climate Model with Seasonal Variation for Future Studies of Climate Sensitivity." *Dynamics of Atmospheres and Oceans* 3: 393–426.

Manabe, S., D. G. Hahn, and J. L. Holloway Jr. 1974. "The Seasonal Variation of Tropical Circulation as Simulated by a Global Model of the Atmosphere." *Journal of Atmospheric Sciences* 31: 43–48.

Manabe, S., and J. L. Holloway Jr. 1975. "The Seasonal Variation of the Hydrologic Cycle as Simulated by a Global Model of the Atmosphere." *Journal of Geophysical Research* 80: 1617–49.

Manabe, S., J. L. Holloway Jr., and H. M. Stone. 1970. "Tropical Circulation in a Time Integration of a Global Model of the Atmosphere." *Journal of Atmospheric Sciences* 27: 580–613.

Manabe, S., P.C.D. Milly, and R. T. Wetherald. 2004b. "Simulated Long-Term Changes in River Discharge and Soil Moisture Due to Global Warming." *Hydrological Sciences Journal* 49: 625–42.

Manabe, S., J. Ploshay, and N.-C. Lau. 2011. "Seasonal Variation of Surface Temperature Change during the Last Several Decades." *Journal of Climate* 24: 3817–21.

Manabe, S., J. Smagorinsky, and R. F. Strickler. 1965. "Simulated Climatology of a General Circulation Model with a Hydrologic Cycle." *Monthly Weather Review* 93: 769–98.

Manabe, S., M. J. Spelman, and R. J. Stouffer. 1992. "Transient Response of a Coupled Ocean Atmosphere Model to Gradual Changes of Atmospheric CO_2. Part II: Seasonal Response." *Journal of Climate* 5: 105–26.

Manabe, S., and R. J. Stouffer. 1979. "A CO_2 Climate Sensitivity Study with a Mathematical Model of Global Climate." *Nature* 282: 491–93.

———. 1980. "Sensitivity of a Global Climate Model to an Increase in CO_2 Concentration in the Atmosphere." *Journal of Geophysical Research* 85: 5529–54.

———. 1988. "Two Stable Equilibria of Coupled Ocean-Atmosphere Model." *Journal of Climate* 1:841–66.

———. 1993. "Century-Scale Effects of Increased Atmospheric CO_2 on the Ocean-Atmosphere System." *Nature* 364: 215–18.

———. 1994. "Multiple-Century Response of a Coupled Ocean-Atmosphere Model to an Increase of Atmospheric Carbon Dioxide." *Journal of Climate* 7: 5–23.

———. 1997. "Coupled Ocean-Atmosphere Model Response to Freshwater Input: Comparison to Younger Dryas Event." *Paleoceanography* 12: 321–36.

———. 1999. "The Role of Thermohaline Circulation in Climate." *Tellus* 51 (A/B): 91–109.

Manabe, S., R. J. Stouffer, M. J. Spelman, and K. Bryan. 1991. "Transient Response of a Coupled Ocean Atmosphere Model to Gradual Changes of Atmospheric CO_2. Part I: Annual Mean Response." *Journal of Climate* 4: 785–818.

Manabe, S., and R. F. Strickler. 1964. "Thermal Equilibrium of the Atmosphere with Convective Adjustment." *Journal of Atmospheric Sciences* 21: 361–85.

Manabe, S., and R. T. Wetherald. 1967. "Thermal Equilibrium of the Atmosphere with a Given Distribution of Relative Humidity." *Journal of Atmospheric Sciences* 24: 241–59.

———. 1975. "The Effect of Doubling CO_2 Concentration on the Climate of a General Circulation Model." *Journal of Atmospheric Sciences* 32: 3–15.

———. 1985. "CO_2 and Hydrology." In *Advances in Geophysics*, vol. 28, *Issues in Atmospheric and Oceanic Modeling*, pt. A, *Climate Dynamics*, edited by S. Manabe, 131–57. New York: Academic Press.

———. 1987. "Large-Scale Changes of Soil Wetness Induced by an Increase in Atmospheric Carbon Dioxide." *Journal of Atmospheric Sciences* 44: 1211–35.

Manabe, S., R. T. Wetherald, P.C.D. Milly, T. L. Delworth, and R. J. Stouffer. 2004a. "Century-Scale Change in Water Availability: CO_2-Quadrupling Experiment." *Climatic Change* 64: 59–76.

Manganello, J., and B. Huang. 2009. "The Influence of Systematic Errors in the Southeast Pacific on ENSO Variability and Prediction in a Coupled GCM." *Climate Dynamics* 32:

1015–34.

Mann, M. E., Z. Zhang, S. Rutherford, R. S. Bradley, M. K. Hughes, D. Shindell, C. Ammann,G. Falvegi, and F. Ni. 2009. "Global Signature and Dynamical Origins of the Little Ice Age and Medieval Climate Anomaly." *Science* 326: 1256–60.

Mann, M. E., Z. Zhang, S. Rutherford, M. K. Hughes, R. S. Bradley, S. K. Miller, S. Rutherford, and F. Ni. 2008. "Proxy-Based Reconstruction of Hemispheric and Global Surface Temperature Variation over the Past Two Millennia." *Proceedings of the National Academy of Sciences of the USA* 105: 13252–57.

MARGO Project members. 2009. "Constraints on the Magnitude and Patterns of Ocean Cooling at the Last Glacial Maximum." *Nature Geoscience* 2: 127–32.

Mastenbrook, H. J. 1963. "Frost-Point Hygrometer Measurement in the Stratosphere and the Problem of Moisture Contamination." In *Humidity and Moisture*, edited by A. Wexler and W. A. Wildhack, vol. 2, 480–85. New York: Reinhold.

Milly, P.C.D. 1992. "Potential Evaporation and Soil Moisture in General Circulation Models." *Journal of Climate* 5: 209–26.

Milly, P.C.D., J. Betancourt, M. Falkenmark, R. M. Hirsch, Z. W. Kundzewicz, D. P. Lettenmaier, and R. J. Stouffer. 2008. "Stationarity Is Dead: Whither Water Management?" *Science* 319: 573–74.

Milly, P.C.D., R. T. Wetherald, K. A. Dunne, and T. L. Delworth. 2002. "Increasing Risk of Great Floods in Changing Climate." *Nature* 415: 514–17.

Mintz, Y. 1965. "Very Long-Term Global Integration of the Primitive Equation of Atmospheric Motion." In *Proceedings of the WMO-IUGG Symposium on Research and Development: Aspects of Long-range Forecasting, Boulder, CO, 1964*, WMO Technical

Note 66, 141–67. Geneva: World Meteorological Organization.

———. 1968. "Very Long-Term Global Integration of the Primitive Equation of Atmospheric Motion: An Experiment in Climate Simulation." *Meteorological Monographs* 8 (30): 20–36.

Mitchell, J.F.B., S. Manabe, V. Meleshiko, and T. Tokioka. 1990. "Equilibrium Climate Change and Its Implications for the Future." *Climate Change: The IPCC Scientific Assessment*, edited by J. T. Houghton, G. T. Jenkins, and J. J. Ephrams, 131–72. Cambridge: Cambridge University Press.

Moller, F. 1963. "On the Influence of Changes in the CO_2 Concentration in Air on the Radiation Balance of Earth's Surface and Climate." *Journal of Geophysical Research* 68: 3877–86.

Morice, C. P., J. J. Kennedy, N. A. Rayner, and P. D. Jones. 2012. "Quantifying Uncertainties in Global and Regional Temperature Change Using an Ensemble: The HadCRUT4 Data Set." *Journal of Geophysical Research* 117: D0810.

Morrison, A. K., and A. M. Hogg. 2013. "On the Relationship between Southern Ocean Overturning and ACC Transport." *Journal Physical Oceanography* 43: 140–48.

Munk, W. H. 1966. "Abyssal Recipes." *Deep Sea Research* 13: 707–36.

Neftel, A., H. Oeschger, J. Schwander, B. Stauffer, and R. Zumbrunn. 1982. "Ice Core Sample Measurements Give Atmospheric CO_2 Content during the Past 40,000 Years." *Nature* 295: 220–23.

Newell, R. G., and T. G. Dopplick. 1979. "Questions Concerning the Possible Influence of Anthropogenic CO_2 on Atmospheric Temperature." *Journal of Applied Meteorology* 18: 822–25.

North, G. R. 1975a. "Theory of Energy Balance Climate Models." *Journal of the Atmospheric Sciences* 32: 2033–43.

———. 1975b. "Analytical Solution to a Simple Climate Model with Diffusive Heat Transport." *Journal of the Atmospheric Sciences* 32: 1301–7.

———. 1981. "Energy Balance Climate Models." *Review of Geophysics and Space Physics* 19: 91–121.

PALAEOSENS Project members. 2012. "Making Sense of Palaeoclimate Sensitivity." *Nature* 491:683–91.

Peixoto, J. P., and A. H. Oort. 1992. *Physics of Climate*. New York: American Institute of Physics.

Perovich, D., R. Kwok, W. Meier, S. Nghiem, and J. Richter-Menge, 2010. "Sea Ice Cover." In "State of the Climate in 2009," edited by D. S. Arndt, M. O. Baringer, and M. R. Johnson. Special Supplement. *Bulletin of the American Meteorological Society* 91: S113–14.

Peterson, B. J., R. M. Holmes, J. W. McClelland, C. J. Vorosmarty, R. J. Lammers, A. I. Shikolomanov, I. A. Shikolamanov, and S. Rahmstorf. 2002. "Increasing River Discharge to the Arctic Ocean." *Science* 298: 2171–73.

Phillips, N. A. 1956. "The General Circulation Model of the Atmosphere: A Numerical Experiment." *Quarterly Journal of the Royal Meteorological Society* 82: 123–64.

Pierrehumbert, R. T. 2004a. "Warming the World." *Nature* 432: 677.

———. 2004b. "Translation of 'Memoire sur les temperatures du globe terrestre et des espaces planetaires' by J-B J. Fourier." *Nature* 432 (online supplementary material to Pierrehumbert [2004a]).

Pierrehumbert, R. T., D. S. Abbot, A. Voigt, and D. Koll. 2011. "Climate of the Neoproterozoic." *Annual Review of Earth and Planetary Sciences* 39: 417–60.

Plass, G. N. 1956. "The Carbon Dioxide Theory of Climatic Changes." *Tellus* 8: 140–54.

Po-Chedley, S., and Q. Fu. 2012. "Discrepancies in Tropical Upper Tropospheric Warming between Atmospheric Circulation Models and Satellites." *Environmental Research Letters* 7: 044018.

Pollard, D. 1978. "An Investigation of the Astronomical Theory of the Ice Ages Using a Simple Climate-Ice Sheet Model." *Nature* 272: 233–35.

———. 1984. "A Simple Ice Sheet Model Yields Realistic 100 kyr Glacial Cycles." *Nature* 296: 334–38.

Ramanathan, V. 1975. "Greenhouse Effect Due to Chloro-fluoro-carbons: Climatic Implications." *Science* 190: 50–52.

Ramanathan, V., R. D. Cess, E. F. Harrison, P. Minnis, B. R. Barkstrom, E. Ahmad, and D. Hartmann. 1989. "Cloud-Radiative Forcing and Climate: Results from the Earth Radiation Budget Experiment." *Science* 243: 57–63.

Ramanathan, V., R. J. Cicerone, H. G. Singh, and J. T. Kiehl. 1985. "Trace Gas Trends and Their Potential Role in Climate Change." *Journal of Geophysical Research* 90: 5547–66.

Ramanathan, V., and J. A. Coakley Jr. 1978. "Climate Modeling through Radiative, Convective Models."

Review of Geophysics and Space Physics 16: 465–89.

Ramanathan, V., and A. M. Vogelmann. 1997. "Greenhouse Effect, Atmospheric Solar Absorption and the Earth's Radiation Budget: From the Arrhenius-Langley Era to the

参考文献

1990s." *Ambio* 24: 39–46.

Ramaswamy, V., M. D. Schwarzkopf, W. J. Randel, B. D. Santer, B. J. Soden, and G. L. Stenchikov. 2006. "Anthropogenic and Natural Influences in the Evolution of Lower Stratospheric Cooling." *Science* 311: 1138–41.

Riehl, H., and J. S. Malkus. 1958. "On the Heat Balance in the Equatorial Trough Zone." *Geophysica* 6: 503–38.

Schimel, D., I. G. Enting, M. Heimann, T.M.L. Wigley, D. Raynaud, D. Alves, and U. Siegenthaler. 1995. "CO_2 and the carbon cycle." In *Climate Change 1994: Radiative Forcing of Climate Change and an Evaluation of the IPCC IS92 Emission Scenarios*, edited by J. T. Houghton, L. G. Meira Filho, J. Bruce, H. Lee, B. A. Callander, E. Haites, N. Harris and K. Maskell, 35–72. Cambridge: Cambridge University Press.

Schneider, S. H., and S. L. Thompson. 1981. "Atmospheric CO_2 and Climate: Importance of Transient Response." *Journal of Geophysical Research* 86: 3135–47.

Schrag, D. P., J. F. Adkins, K. McIntrye, J. L. Alexander, D. A. Hodell, C. D. Charles, and J. F. McManus. 2002. "The Oxygen Isotopic Composition of Sea Water during the Last Glacial Maximum." *Quaternary Science Review* 21: 331–42.

Screen, J. A., and I. Simmonds. 2010. "The Central Role of Diminishing Sea Ice in Recent Arctic Temperature Amplification." *Nature* 464: 1334–37.

Sellers, W. D. 1969. "A Global Climate Model Based on the Energy Balance of the Earth-Atmosphere System." *Journal of Applied Meteorology* 8: 392–400.

Shackleton, N. J., M. A. Hall, J. Line, and S. Cang. 1983. "Carbon Isotope Data in Core V19–30 Confirm Reduced Carbon Dioxide Concentration of the Ice Age Atmosphere." *Nature* 306: 319–22.

Shackleton, N. J., J. Le, A. Mix, and M. A. Hall. 1992. "Carbon Isotope Records from Pacific Surface Waters and Atmospheric Carbon Dioxide." *Quaternary Science Review* 11: 387–400.

Shin, S., Z. Liu, B. Otto-Bliesner, E. Brady, J. Kutsbach, and S. Harrison. 2003. "A NCAR CCSM Simulation of the Climate at the Last Glacial Maximum." *Climate Dynamics* 20: 127–51.

Smagorinsky, J. 1958. "On the Numerical Integration of the Primitive Equation of Motion for Baroclinic Flow in a Closed Region." *Monthly Weather Review* 86: 457–66.

———. 1963. "General Circulation Experiments with the Primitive Equations. 1: The Basic Experiment." *Monthly Weather Review* 91: 99–164.

Smagorinsky, J., S. Manabe, and J. L. Holloway Jr. 1965. "Numerical Results from a Nine-Level General Circulation Model of the Atmosphere." *Monthly Weather Review* 93: 727–68.

Soden, B. J., and I. M. Held. 2006. "An Assessment of Climate Feedback in Coupled Ocean-Atmosphere Models." *Journal of Climate* 19: 3355–60.

Soden, B. J., and G. A. Vecchi. 2011. "The Vertical Distribution of Cloud Feedback in Coupled Ocean-Atmosphere Models." *Geophysical Research Letters* 38: L12704.

Somerville, R.C.J., and L. A. Remer. 1984. "Cloud Optical Thickness Feedback in the CO_2 Climate Problem." *Journal of Geophysical Research* 89: 9668–72.

Stephens, B. B., and R. F. Keeling. 2000. "The Influence of Antarctic Sea Ice on Glacial-Interglacial CO_2 Variations." *Nature* 404: 171–74.

Stone, P. H. 1978. "Baroclinic Adjustment." *Journal of Atmospheric Sciences* 35: 561–71.

Stouffer, R. J., and S.Manabe. 2003. "Equilibrium Response of Thermohaline Circulation to

Large Changes in Atmospheric CO_2 Concentration." *Climate Dynamics* 20: 759–73.

———. 2017. "An Assessment of Temperature Pattern Projection Made in 1989." *Nature Climate Change* 7: 163–65.

Stouffer, R. J., S. Manabe, and K. Bryan. 1989. "Interhemispheric Asymmetry in Climate Response to a Gradual Increase of Atmospheric CO_2." *Nature* 342: 660–62.

Taljaad, J. J., H. van Loon, H. C. Crutcher, and R. L. Jenne. 1969. *Climate of Upper Air. I: Southern Hemisphere*. NAVAIR 50-IC-55. Washington, DC: US Naval Weather Service.

Thompson, S. L., and S. H. Schneider. 1979. "A Seasonal Zonal Energy Balance Climate Model with an Interactive Lower Layer." *Journal of Geophysical Research* 84: 2401–14.

Trenberth, K. E., J. T. Fasullo, and J. Kiehl. 2009. "Earth's Global Energy Budget." *Bulletin of the American Meteorological Society* 90: 311–24.

Trenberth, K. E., P. D. Jones, P. Ambenje, R. Bojariu, D. Easterling, A. Klein Tank, D. Parker, et al. 2007. "Observation: Surface and Atmospheric Climate Change." In *Climate Change 2007: The Physical Science Basis. Contribution of Working Group I to the Fourth Assessment Report of the Intergovernmental Panel on Climate Change*, edited by S. Solomon, D. Qin, M. Manning, Z. Chen, M. Marquis, K. B. Averyt, M. Tignor, and H. L. Miller, 235–336. Cambridge: Cambridge University Press.

Tsushima, Y., and S. Manabe. 2001. "Influence of Cloud Feedback on the Annual Variation of the Global Mean Surface Temperature." *Journal of Geophysical Research* 106: 22635–46.

———. 2013. "Assessment of Radiative Feedback in Climate Models Using Satellite Observation of Annual Flux Variation." *Proceedings of the National Academy of Sciences of the USA* 110: 7568–73.

Tyndall, J. 1859. "Note on the Transmission of Heat through Gaseous Bodies." *Proceedings of the Royal Society of London* 10: 37, 155–58.

————. 1861. "On the Absorption and Radiation of Heat by Gases and Vapors, and on Physical Connexion of Radiation, Absorption, and Conduction." *London, Edinburgh and Dublin Philosophical Magazine and Journal of Science*, 4th series, 22: 169–94, 273–85.

Vaughan, D. G., J. C. Comiso, I. Allison, J. Carrasco, G. Kaser, R. Kwok, P. Mote, et al. 2013. "Observation: Cryosphere." In *Climate Change 2013: The Physical Science Basis. Contribution of Working Group I to the Fifth Assessment Report of the Intergovernmental Panel on Climate Change*, edited by T. F. Stocker, D. Qin, G.-K. Plattner, M. Tignor, S. K. Allen, J. Boschung, A. Nauels, Y. Xia,

V. Bex, and P. M. Midgley, 317–82. Cambridge: Cambridge University Press.

Vecchi, G. A., T. Delworth, R. Gudgel, S. Kapnick, A. Rosati, A. T. Wittenberg, F. Zeng, et al. 2014. "On the Seasonal Forecasting of Regional Tropical Cyclone Activity." *Journal of Climate* 27: 7994–8016.

Vorosmarty, C. J., P. Green, J. Salisbury, and R. B. Lammers. 2000. "Global Water Resources: Vulnerability from Climate Change and Population Growth." *Science* 289: 284–88.

Walker, J.C.G., and J. F. Kasting. 1992. "Effect of Fuel and Forest Conservation on Future Levels of Atmospheric Carbon Dioxide." *Paleogeography, Paleoclimatology, and Paleoecology* 97: 151–89.

Wang, W. C., Y. L. Yung, L. Lacis, A. A. Mo, and J. E. Hansen. 1976. "Greenhouse Effect Due to Man-Made Perturbations to Global Climate." *Science* 194: 685–90.

Washington, W. M., and G. A. Meehl. 1989. "Climate Sensitivity Due to Increased CO_2: Experiment with a Coupled Atmosphere and Ocean General Circulation Model." *Climate Dynamics* 4: 1–38.

Washington, W. M., A. J. Semtner Jr., G. A. Meehl, D. J. Knight, and T. A. Meyer. 1980. "A General Circulation Experiment with a Coupled Atmosphere, Ocean, and Sea Ice Model." *Journal of Physical Oceanography* 10: 1887–1908.

Watts, R. G. 1981. "Discussion of 'Questions Concerning the Possible Influence of Anthropogenic CO_2 on Atmospheric Temperature' by R.G. Newell and T.G. Dopplick." *Journal of Applied Meteorology* 19: 494–95.

Webb, T., and D. R. Clark. 1977. "Calibrating Micropaleontological Data in Climatic Terms: A Critical Review." *Annals of the New York Academy of Sciences* 288: 93–118.

Weertman, J. 1964. "Rate of Growth or Shrinkage of Non-equilibrium Ice Sheet." *Journal of Glaciology* 5: 145–58.

———. 1976. "Milankovitch Solar Radiation Variation and Ice Age Ice Sheet Sizes." *Nature* 261: 17–20.

Weiss, R. F., J. L. Bullister, M. J. Warner, F. A. van Woy, and P. K. Salameh. 1990. *Ajax Expedition Chlorofluorocarbon Measurements*. Scripps Institution of Oceanography (SIO) Reference Series 90-6: 190. La Jolla: University of California, San Diego, SIO.

Wetherald, R. T., and S. Manabe. 1975. "The Effect of Changing the Solar Constant on the Climate of a General Circulation Model." *Journal of Atmospheric Sciences* 32: 2044–59.

———. 1980. "Cloud Cover and Climate Sensitivity." *Journal of Atmospheric Sciences* 37: 1485–510.

———. 1981. "Influence of Seasonal Variation upon the Sensitivity of a Model Climate." *Journal of Geophysical Research* 86: 1194–1204.

———. 1986. "An Investigation of Cloud Cover Change in Response to Thermal Forcing." *Climatic Change* 8: 5–23.

———. 1988. "Cloud Feedback Processes in a General Circulation Model." *Journal of Atmospheric Sciences* 45: 1397–415.

———. 2002. "Simulation of Hydrologic Changes Associated with Global Warming." *Journal of Geophysical Research* 107: 4379–93.

Wielicki, B. A., B. R. Barkstrom, E. F. Harrison, R. B. Lee III, G. L. Smith, and J. E. Cooper. 1996. "Cloud and the Earth's Radiant Energy System (CERES): An Earth Observing System Experiment." *Bulletin of the American Meteorological Society* 77: 853–68.

Wigley, T.M.L., C. M. Ammann, B. D. Santer, and S.C.B. Raper. 2005. "Effect of Climate Sensitivity on the Response to Volcanic Forcing." *Journal of Geopgysical Research* 110: D09107.

Williams, J., R. G. Barry, and W. M. Washington. 1974. "Simulation of the Atmospheric Circulation Using the NCAR General Circulation Model with Ice Age Boundary Conditions." *Journal of Applied Meteorology* 13: 305–17.

Winton, M. 2006. "Surface Albedo Feedback Estimates for the AR4 Climate Models." *Journal of Climate* 19: 359–65.

Yamamoto, G. 1952. "On the Radiation Chart." *Science Reports of Tohoku University*, series 5, 4: 9–23.

Yamamoto, G., and T. Sasamori. 1961. "Further Studies on the Absorption by the 15 Micron Carbon Dioxide Bands." *Science Reports of Tohoku University*, series 5, 13: 1–19.

Zipser, E. J. 2003. "Some Views on 'Hot Towers' after 50 Years of Tropical Field Programs and Two Years of TRMM Data." *Meteorological Monographs* 51: 49–58.

未来，属于终身学习者

　　我们正在亲历前所未有的变革——互联网改变了信息传递的方式，指数级技术快速发展并颠覆商业世界，人工智能正在侵占越来越多的人类领地。

　　面对这些变化，我们需要问自己：未来需要什么样的人才？

　　答案是，成为终身学习者。终身学习意味着永不停歇地追求全面的知识结构、强大的逻辑思考能力和敏锐的感知力。这是一种能够在不断变化中随时重建、更新认知体系的能力。阅读，无疑是帮助我们提高这种能力的最佳途径。

　　在充满不确定性的时代，答案并不总是简单地出现在书本之中。"读万卷书"不仅要亲自阅读、广泛阅读，也需要我们深入探索好书的内部世界，让知识不再局限于书本之中。

湛庐阅读 App: 与最聪明的人共同进化

　　我们现在推出全新的湛庐阅读 App，它将成为您在书本之外，践行终身学习的场所。

- 不用考虑"读什么"。这里汇集了湛庐所有纸质书、电子书、有声书和各种阅读服务。
- 可以学习"怎么读"。我们提供包括课程、精读班和讲书在内的全方位阅读解决方案。
- 谁来领读？您能最先了解到作者、译者、专家等大咖的前沿洞见，他们是高质量思想的源泉。
- 与谁共读？您将加入优秀的读者和终身学习者的行列，他们对阅读和学习具有持久的热情和源源不断的动力。

　　在湛庐阅读 App 首页，编辑为您精选了经典书目和优质音视频内容，每天早、中、晚更新，满足您不间断的阅读需求。

　　【特别专题】【主题书单】【人物特写】等原创专栏，提供专业、深度的解读和选书参考，回应社会议题，是您了解湛庐近千位重要作者思想的独家渠道。

　　在每本图书的详情页，您将通过深度导读栏目【专家视点】【深度访谈】和【书评】读懂、读透一本好书。

　　通过这个不设限的学习平台，您在任何时间、任何地点都能获得有价值的思想，并通过阅读实现终身学习。我们邀您共建一个与最聪明的人共同进化的社区，使其成为先进思想交汇的聚集地，这正是我们的使命和价值所在。

CHEERS

湛庐阅读 App
使用指南

读什么
- 纸质书
- 电子书
- 有声书

怎么读
- 课程
- 精读班
- 讲书
- 测一测
- 参考文献
- 图片资料

与谁共读
- 主题书单
- 特别专题
- 人物特写
- 日更专栏
- 编辑推荐

谁来领读
- 专家视点
- 深度访谈
- 书评
- 精彩视频

HERE COMES EVERYBODY

下载湛庐阅读 App
一站获取阅读服务

图书在版编目（CIP）数据

气候变暖与人类未来 / (美) 真锅淑郎
(Syukuro Manabe), (美) 安东尼·J. 布罗科利
(Anthony J. Broccoli) 著；魏科，郭晨昇译 . -- 杭州：
浙江教育出版社，2024. 8. -- ISBN 978-7-5722-8288-1

Ⅰ . P461

中国国家版本馆 CIP 数据核字第 2024RG5813 号

浙江省版权局
著作权合同登记号
图字：11-2022-251号

上架指导：科普读物 / 气候未来

气候变暖与人类未来
QIHOU BIANNUAN YU RENLEI WEILAI

[美] 真锅淑郎（Syukuro Manabe）［美］安东尼·J. 布罗科利（Anthony J. Broccoli）著
魏科　郭晨昇 等　译

责任编辑：沈久凌　操婷婷
美术编辑：韩　波
责任校对：李　剑
责任印务：曹雨辰
封面设计：ablackcover.com
出版发行：浙江教育出版社（杭州市环城北路 177 号）
印　　刷：石家庄继文印刷有限公司
开　　本：710mm×965mm 1/16　　　插　　页：5
印　　张：16.75　　　　　　　　　　字　　数：239 千字
版　　次：2024 年 8 月第 1 版　　　　印　　次：2024 年 8 月第 1 次印刷
书　　号：ISBN 978-7-5722-8288-1　　定　　价：109.90 元
审 图 号：GS (2023) 3757 号